中国著名美术学院设计课程

测绘与调研基础

中央美术学院　钟山风　杨宇　编著

北方联合出版传媒（集团）股份有限公司

辽宁美术出版社

图书在版编目（CIP）数据

测绘与调研基础/钟山风，杨宇编著．
—沈阳：北方联合出版传媒（集团）股份有限公司
辽宁美术出版社，2010.8
中国著名美术学院设计课程
ISBN 978—7—5314—4569—2

Ⅰ．①测…　Ⅱ．①钟…　②杨…　Ⅲ．①测绘学－基本知识
Ⅳ．①P2
中国版本图书馆CIP数据核字（2010）第070588号

出版发行
北方联合出版传媒（集团）股份有限公司
辽宁美术出版社

地址　沈阳市和平区民族北街29号　邮编：110001
邮箱　lnmscbs@163.com
网址　http://www.lnpgc.com.cn
电话　024—83833008

封面设计　洪小冬
版式设计　彭伟哲　薛冰焰　吴　烨　高　桐

经　销
全国新华书店

印刷
辽宁彩色图文印刷有限公司印刷

责任编辑　范文南　申虹霓
技术编辑　徐　杰　霍　磊
责任校对　张亚迪
版次　2010年8月第1版　2010年8月第1次印刷
开本　889mm×1194mm　1/16
印张　11.75
字数　100千字
书号　ISBN 978—7—5314—4569—2
定价　51.00元

图书如有印装质量问题请与出版部联系调换
出版部电话　024—23835227

目　录

2007年下乡写生合影

前言 >>

中央美术学院的设计专业从无到有经历了建立、探索、发展、成熟的过程。在不断摸索的过程中，很多课程从无到有，同时一些课程随着时代的发展而消逝。在美术学院16年的设计教育发展过程中，《测绘与艺术考察》可以称得上是一门历久弥新的课程。

从艺术教育时代的《下乡写生》到今天专业性很强的《测绘与艺术考察》，回顾中央美院环境艺术专业这门课程的发展，经历了三个阶段：写生训练创作素材收集——社会调查与参观考察双轨制——专业调研测绘。

在设计教育探索的初期，作为传统的《下乡写生》课程的继承和延续，建筑与环境艺术专业通过户外写生来训练学生收集素材——表现外环境的能力。结合美术学院的写生传统，形成了一套独特的设计基础教学体系。这一成果在今天依然发挥着不可替代的作用，成为一年级学生设计基础教学中重要的内容。

随着设计课程的教学实践与发展，写生逐渐加入了建筑调研与专题考察的内容。通过专业性的考察路线设置，带领学生通过参观实地体验，并动手测绘部分建筑空间。通过手绘制图与建筑写生相结合的方式，感性地认识建筑空间。

在最近五年，该课题更加系统化专业化。通过一系列的教学实践，在保留了艺术院校的感性特征的同时，融入了测绘的严谨性和图纸成果的系统完整性。将教学与研究结合起来，使《测绘与艺术考察》形成了具有美院特色的设计专业实习课程。在最近几年中，多次获得中央美术学院下乡写生课程优秀小分队的荣誉。

在这里我们将2007-2009年，三年的《测绘与艺术考察》课程成果整理出版，一方面，旨在探索具有艺术院校特色的设计基础课程教学新方法；另一方面，更是对多年教学的总结，能够与国内艺术院校的相关专业进行专业交流。希望我们的教学实践能够对开设相关课程的兄弟院校提供一些帮助，同时也能够作为交流探索的平台。

对于本书的出版还要特别感谢建筑学院建筑和环艺专业的同学们，他们的实践与努力展现出测绘与艺术调研课程的成果和活力。同时还要感谢美院建筑专业的容安、苏勇和吴若虎老师，对于本书出版的帮助。在这里特别要感谢辽宁美术出版社的范文南社长给予我们的帮助和支持，使得该书顺利出版。由于时间仓促难免诸多疏漏，希望广大专家读者指正。

钟山风　杨宇

2009年11月　于中央美院

第一章 课程说明（成果展示）

第一节 下乡写生的课程定位

《测绘与艺术考察》课程是一门设计实践课，适合于建筑与环境艺术专业的二年级、三年级开设。该课程主要解决三个方面的问题：1.建筑、景观与室内空间的场地认知；2.测绘方法的掌握与图纸整理；3.团队合作的能力。

一、建筑、景观与室内场地空间的认知

通过设计课题学生能够训练的是设计的方法与方案的把控能力，但是对于空间的尺度、材料的效果、风格的细节往往缺乏感性的认识。这正是测绘与艺术考察能够帮助学生积累经验的地方。根据环境艺术专业的特点，需要精心选择适宜学生测绘与考察的场地。首先场地不宜过大，过于分散，以学生能够在三四天的时间中完成测绘工作的规模为宜。其次，建筑的尺度、规模和结构的复杂程度，要适合二三年级学生的知识水平，避免过难，无法形成测绘成果。

二、测绘方法与图纸整理

这是测绘课程的核心内容。测绘是进行设计项目，了解场地条件的第一步。在本课题中，重要的一点就是带领学生完成测绘工作；合理地组织安排和齐备的工具是顺利工作的基础；合理地分工与周密的时间计划是完成测绘工作的保证。作为测绘工作的一部分，除了现场数据采集之外，每天晚上都要进行图纸绘制整理，在回到学校以后更需要一周至十天的合图编订与装订成册的工作。在这里我们要求学生通过该课程能够完整的掌握测绘成图的全过程，尤其是了解图纸和实际空间之间的关系，这对于他们以后的职业生涯是非常重要的。

三、团队合作在这里是非常重要的

我们希望能够通过该课题使学生体会到团队合作的重要性。通过几年的教学实践，我们发现通过2~3周的建筑测绘与艺术考察，大大增加了同学之间的交流合作，工作和旅行都给大家留下了难忘的回忆。作为课程的一部分，建筑旅行是最吸引人和为大家津津乐道的谈资。

第二节 开课的准备

根据组织该课程多年的经验，本课程在开设之前需要注意几个方面的问题。涉及专业基础的准备、时间的安排设置、明确的成果要求和对于课程可控性的综合考虑。

一、课程设置的技术条件

作为一门辅助设计认知的专业实践课，更适合在中、高年级开设，低年级的学生更需要解决的是设计基础、设计基本方法和操作软件的基本问题。在美术学院的一年级以强化艺术基础训练为目标的下乡写生课程，是非常适合的选择。作为测绘课程需要具备的基本能力，需要学生完成以下几个方面的课程。

完成《建筑初步》/《设计初步》、《建筑制识图》/《室内设计制图》等设计基础课，此类课程为测绘工作提供规范的图纸交流平台。

图1-1 束河古镇平面图草图

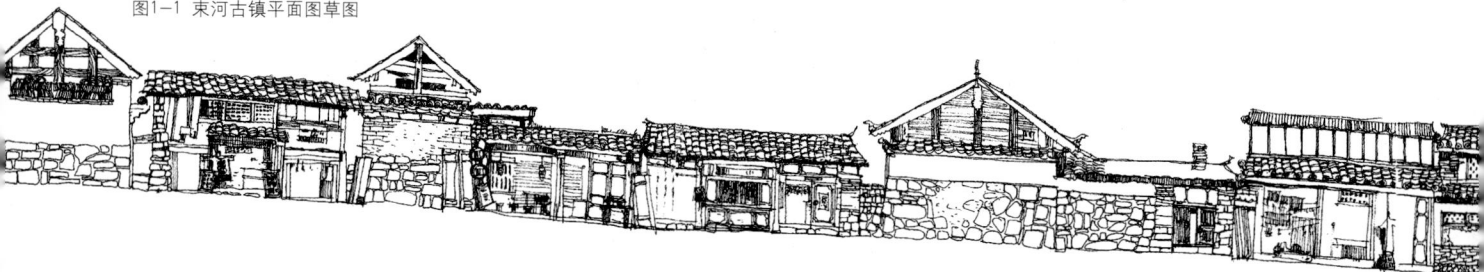

《建筑结构与构造》课帮助学生了解建筑和室内空间的基本结构和构造，在测绘中能够帮助学生解决很多现场面对的空间理解问题。测绘课也是一个让学生对之前学习的结构与构造知识具体化的过程。

完成中小型建筑、室内、景观设计等设计课程（诸如《小别墅设计》、《居室设计》、《小花园设计》、《幼儿园设计》、《办公空间设计》、《广场设计》等课程，根据各个学校专业设置不同课程内容有所不同），使学生了解建筑与环境艺术设计的基本方法，通过设计实践让学生带着问题去参观那些优秀的设计，真实地体验空间的美感和魅力。

《CAD电脑制图》、《Sketch up电脑绘图》等电脑软件操作课程，是完成测绘成果重要的技术手段和工作平台。在艺术院校中，往往学生的创作积极性被图纸表达不到位的问题困扰。测绘是让学生形象的理解和认识施工图的好方法，从实际建筑到测绘数字再到CAD图纸，同时要求学生运用Sketch up软件搭建建筑的构造模型，以帮助理解空间结构。

二、时间安排

《测绘与艺术考察》课程安排分为三个阶段：前期组织、现场测绘、图纸资料整合。前期准备时间为3-4周，现场测绘与参观时间为2周，在返回学校后还需要1周时间来进行图纸资料的整合。调研与测绘课是在外地和户外开设的课程，要考虑到季节和气候因素的影响，既要选择气候宜人的季节，同时也要避免和"五一"小长假和"十一"长假期重叠，否则会大大增大出行成本，同时过于稠密的人流会影响工作的开展。根据该课程的独特特点，中央美术学院安排在第二学期的中间，"五一"假期之前的两周为外出考察时段。这样的安排一方面能够保证开课前有3-4周的教师准备时间，来完成考察线路的确定、考察时间计划以及外出车行食宿的组织联系。相对于九月开学到"十一"长假只有一个月的时间来看，利用"五一"之前的两周作为出行的时间是更好的选择。利用长假之前的旅游淡季能够有效地控制出行价格，减轻学生负担。同时在写生回来后，利用"五一"假期进行休整。最后一周为图纸整理时间，将现场采集的图纸与数据，整合成为完整的测绘图集，参加汇报展览。

三、明确的成果要求与可控性

对于异地户外进行的课程来说，合理分工与有效工作是成功的关键。合理的分工主要通过学生的分组协作来完成，相关的内容可以详见第三章第二节。其工作方法的核心内容在于化整为零，分工合作，逐层递进，整合为一。有效的工作主要通过按照项目管理的方式来组织安排测绘任务、进度管理、成果要求。其中最重要的是技术平台的建立与明确的成果要求。

最终成果包括三个部分：完整的测绘CAD图集——包括总平面、屋顶平面、各层平面、立面、景观平面和植物配种表、装饰大样与详图。建筑结构模型——运用Sketch up软件搭建建筑结构框架模型。最后是一个成果汇报的招贴了，这是富有生活气息的部分，学生把两三周来的草图、生活照片排版成几个招贴，展示下乡生活的点滴。

为了确保成果能够如期完成，并达到效果，很重要的一点就是要强调每个阶段的可控性。首先在路线选择方面，要注意避免那些交通条件不便、路程过于艰辛的旅行。如果在路途上花费太多的时间和精力，剩下来的测绘时间会相对有限。对于测绘对象的选择要提前踏勘，选择具有

建筑特色且难度适中的空间，过于庞大或复杂的建筑，会让时间入不敷出，而长时间的鏖战只会让教师和学生身心疲惫，慢慢失去成功完成测绘的信心。每日测绘的数据都需要有所监控，最好的办法就是晚上的时候集中画图，发现日间测绘有无问题，如有问题可以在第二天回到现场复尺。当现场测绘工作结束的时候，带走的不应该是数据，而是草就的图纸。最后需要注意的就是在回到学校后的合图阶段，需要任课教师讲授图纸工作平台的基本原理，确定出图标准。这是对于整个测绘成果的全程监控。

四、适当调整调研测绘的方向

最后是根据每一年学生的特点和专业发展的需求，适当调整每年测绘调研的方向。作为一个具有十多年历史的传统设计课程，《调研与测绘》课已经形成了5-6条经典的调研线路。在这里作为美院的教学成果与其他院校分享。

山西北线：北京——大同/云冈石窟/华严寺——应县/木塔——浑源/悬空寺——五台山/测绘目的地——五台县/佛光寺/南禅寺——太原/晋祠——祁县/乔家大院——平遥/古城/双林寺/镇国寺——太原——北京

山西南线：北京——太原/晋祠——祁县/乔家大院/渠家大院/测绘目的地——太古/曹家大院/测绘目的地——平遥/古城/双林寺/镇国寺——灵石/张壁古堡——介休/王家大院——临汾/后土庙——运城/关帝庙——芮城/永乐宫——太原——北京

皖南苏州线路：北京——屯溪——宏村/测绘目的地——西递/测绘目的地——潜口民居参观——歙县/程坎/后棠樾牌坊群——苏州/留园/沧浪亭/拙政园/苏州博物馆——上海/外滩——北京

云南北线：北京——昆明/金马碧鸡广场——大理/古城——周城/严家民居/测绘目的地——丽江/古城/束河古镇/测绘目的地/玉龙雪山——虎跳峡——中甸/松赞林寺——大理——昆明/石林——北京

云南南线：北京——昆明——西双版纳景洪/曼春满佛寺/测绘目的地——曼飞龙村/曼飞龙佛塔/测绘目的地——景洪/曼听总佛寺/测绘目的地——云南省植物园——野象谷国家森林公园——昆明——北京

西安敦煌线路：北京——西安/古城/大雁塔/测绘目的地/秦皇陵兵马俑——天水/麦积山——嘉峪关——敦煌/莫高窟——北京

《测绘与艺术考察》课是本科学生的必修课，这就需要根据每一届学生不同的特点来调整路线。对于经济条件比较好的年级可以考虑选择距离较远的民族建筑测绘调研课题，比如云南的旅行。而对于经济条件困难较多的年级，从减轻学生负担的角度考虑，以山西古建测绘调研为主题开展课程。

此外根据不同学校学生的特点，可以选择不同的路线，做到有所侧重。例如对于艺术性较强专业基础尚不扎实的学生，可以推荐西安—敦煌线路，强调以参观体验为主，测绘为辅。对于专业性较强艺术基础相对薄弱的学生可以推荐皖南线路，以中国传统民居测绘为主，结合黄山等地参观提高审美和体验。

图1-2

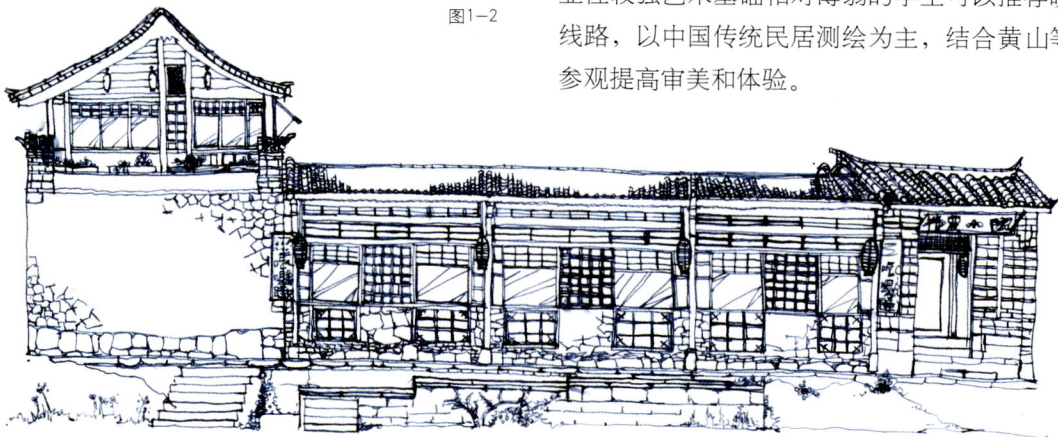

第三节　教学成果

从2005年到2008年，我们先后以云南和山西为测绘目的地开展了多次测绘与艺术考察，获得丰富的课程成果，也多次获得学院的下乡写生的优秀称号。

2005年——云南民族建筑测绘与艺术考察

2005年，是我们第一次率队前往云南，在这一次的课程中，我们先后对建水的朱家花园、团山民居、大理周城民居、丽江束河古镇、松赞林寺进行了写生和测绘。从海拔几百米的建水到接近海拔4000米的松赞林寺，路途遥远艰难，沿途景观与建筑风格迥异，给大家带来了难忘的记忆。

测绘地点1：大理周城白族民居

教师评语：大理周城是在蝴蝶泉边很大的一个白族村镇，建筑以白色为主，多墨色彩绘，具有典型的白族建筑特点。在测绘中，强调环艺专业的艺术特征，以手绘平立面图以及建筑速写写生，作为收集资料的主要手段。作为第一个主要测绘目的地，热身的工作主要通过绘画来完成。

图1-3　周城学生写生作品

测绘地点2：丽江束河古镇纳西族民居

教师评语：束河古镇，在我们到达的时候还是很原生的状态，当地建筑古朴生动，特别是十字街和四方广场独具特色，能够感受到纳西族建筑的民族特色。因此我们以十字街为主轴展开测绘，通过手绘街道平面来记录空间数据，通过具有写生特色的手绘立面来记录店铺建筑的数据和生动的建筑形象。发现具有原生态的测绘目的地，是这次测绘最大的收获，带给老师和学生工作的热情。

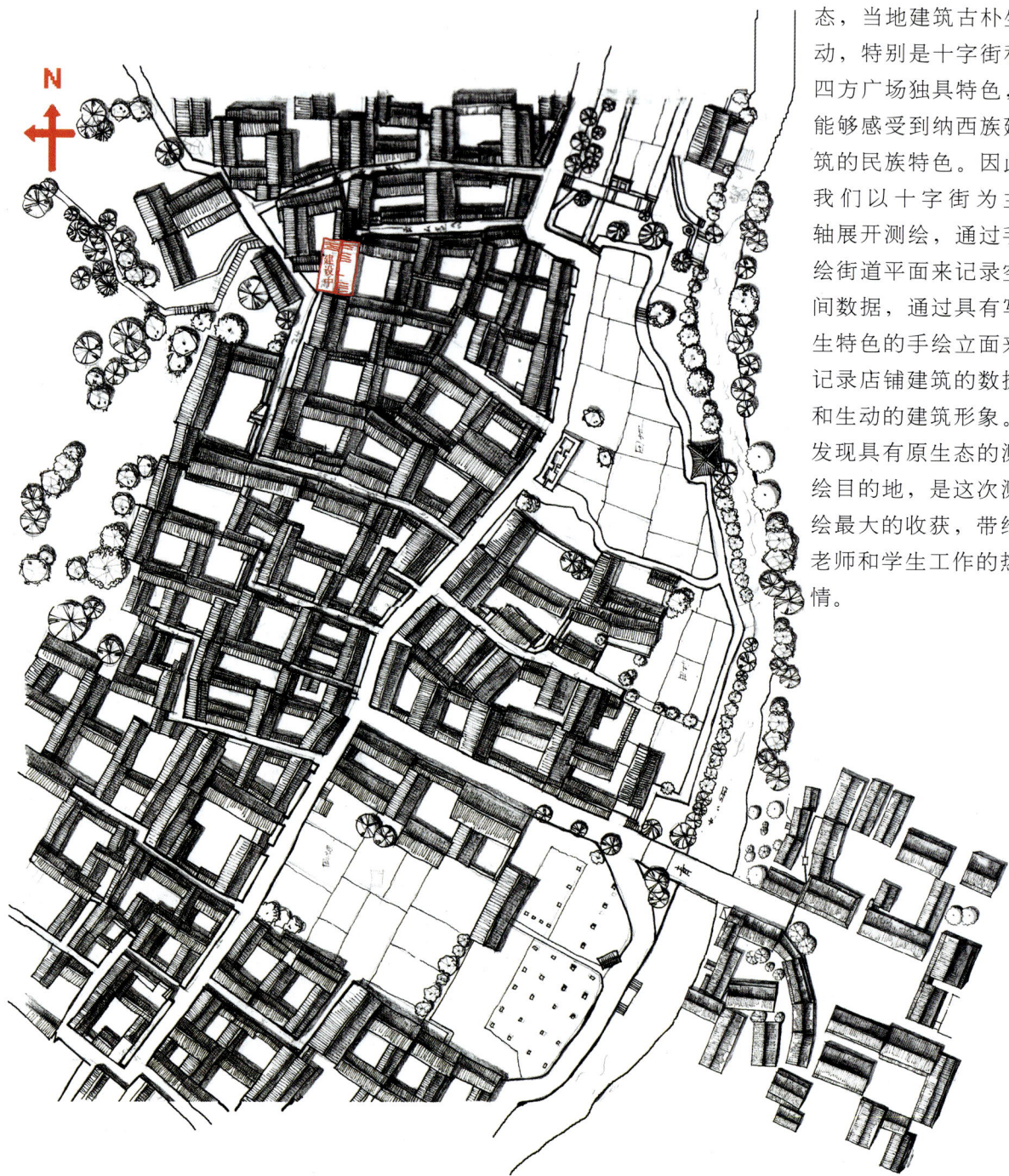

图1-4 束河古镇平面图草图

图1-5

图1-6

图1-7

图1-8

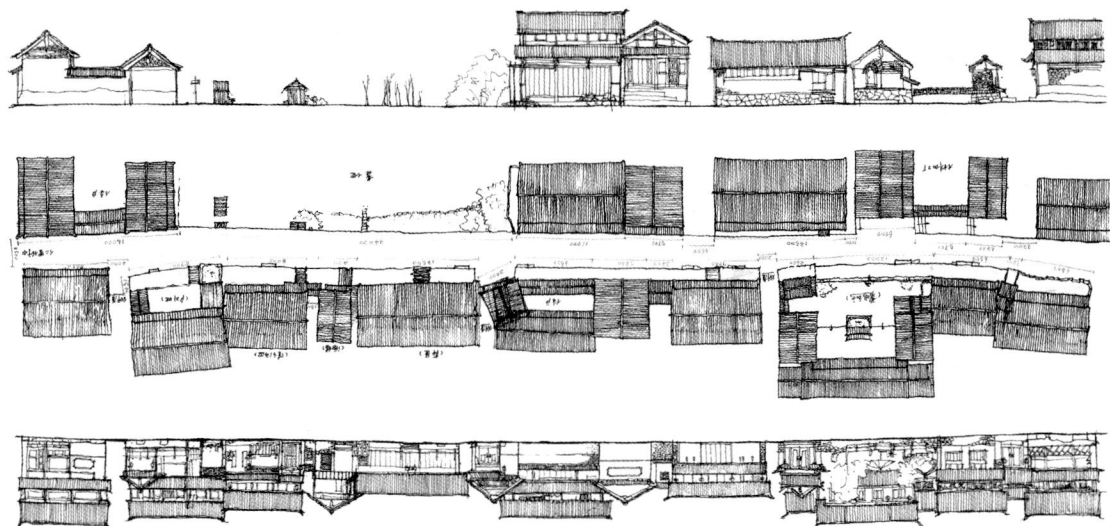

图1-9 束河写生作品以及测绘手稿

测绘地点3：松赞林寺藏族寺庙

教师评语：松赞林寺是云南最大的黄教庙宇，建筑规模宏大气势巍峨，具有典型的藏族宗教建筑特征。作为艺术考察的重点在于体会藏族文化的独特性与宗教建筑的基本特色。学生通过对总平面的测绘、建筑形象的写生、僧房建筑的测绘与入户调查，获得了很多第一手的调研资料。学生甚至深入到松赞林寺的主持活佛居所，对活佛的生活做了访谈调查。从作品中能够看到学生展现出来的工作热情和表达手段的逐渐成熟。

课程总结：经过21天的长途旅行，带给所有的人难忘的经历。通过这次课程，很好地解决了学生的建筑写生与测绘整理问题，在此后的设计实践中，学生体现出来很强烈的专业表现欲望和创作热情，说明了艺术考察对于创作的推动作用。

图1-10

图1-11 学生写生手稿

图1-12 松赞林寺全图

2007年——山西中国古代建筑测绘与艺术考察

2007年，我们重走了山西的经典考察路线。从云冈、华严寺、双林寺的雕塑，到应县木塔、悬空寺和五台山的宗教建筑，最后以山西的大院建筑和平遥古城作为尾声。该线路是美院艺术考察的传统行程，距离北京很近，费用不高，所到之处集中反映出中国古代建筑与传统雕塑的艺术特色。这次我们以五台山为测绘基地，集中了三天时间完成了对于普乐寺的测绘。作为图纸测绘的探索，我们强调了图纸表达的完整性与准确性。

测绘地点：五台山佑国寺

教师评语：这是一座修建于民国时期的大乘佛教庙宇。庙宇随形就势依山而建，包括山门、大雄宝殿、 菩萨殿、卧佛殿和藏经阁等建筑。这次测绘工作中，我们强调了对于古建筑结构的认知，通过对于山门、大雄宝殿等典型传统大木作建筑的测绘，使学生很好地提高了数据测量与图纸表达的能力。在艺术考察方面，丰富的形式内容，给大家一次难忘的艺术之旅。

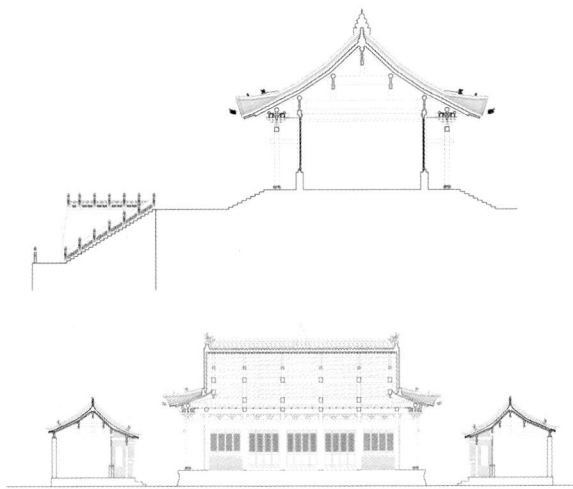

图1-13

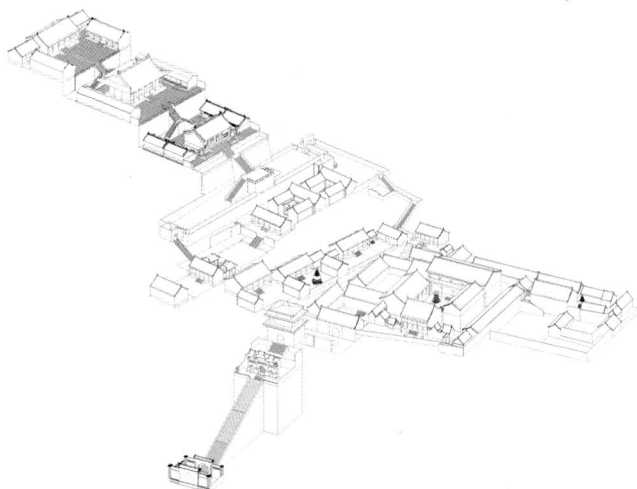

图1-14 南山寺鸟瞰图

教学总结：山西的旅行有时候是很难选择的，南端和北段都有不能替代的重要内容。作为北段线路，五台山是测绘最佳的目的地。山西线路要注意参观和测绘的时间分配，从这次的时间安排上看，三天的测绘时间比较适宜，这样才能有足够的时间进行艺术考察。

2008年——云南民族建筑测绘与艺术考察

2008年，我们率队带领2005级环境艺术专业本科的38位同学踏上了前往云南昆明的旅程，经过18天的旅行和工作，获得丰硕的测绘成果和难忘的下乡体验。在本书中把2008年云南民族建筑调研与测绘的成果作为第一个案例，具体地展示了调研与测绘课程的成果。

测绘地点1：云南省景洪州曼春满佛寺

教师评语：曼春满佛寺是一个典型的云南小乘佛教建筑，建筑高大、屋脊层叠起翘、装饰繁复、色彩艳丽明快，具有泰国建筑的特点。与传统大木作建筑风格不同。在测绘中，需要理解建筑的结构特点，克服现场测量条件的限制（佛寺大殿的屋顶和佛塔不能够蹭踏，因而只能通过参照物估算出大致尺寸），绘制出比例准确，能够体现出傣族民族建筑特色的图纸。分工合作的方式被证明是非常有效的，在短短两天时间中，不仅很好地完成了佛寺的总平面、大殿、山门、佛塔等建筑的平立面图，而且还测绘了大量的建筑细部装饰，充分体现了美术学院环境艺术的专业特点。

图1-15 总佛寺山门纹样绘制成图

测绘地点2：云南大理州喜州严家民居

教师评语：大理州喜州严家民居，位于大理州城附近，是一所5进院落式白族民居建筑。具有典型的四合五天井的格局，在最后一进院落中还有一栋西洋楼，特色鲜明，为国家一级文物保护单位。相对于曼春满佛寺，严家民居的建筑尺度更加适合学生测绘，绝大部分尺寸数据都能够运用现有的激光测距仪和卷尺测得。严家民居的测绘难度在于复杂的院落式建筑的结构和构造，每个院落既是一个独立完整的空间，但在建筑结构上又是一体化的，具有很强的整体性。每组学生负责一个院落的测绘，包括平立剖面和细部详图。难度比较大的是最终把5个院落的建筑结构模型拼装起来，构成完整的体系。

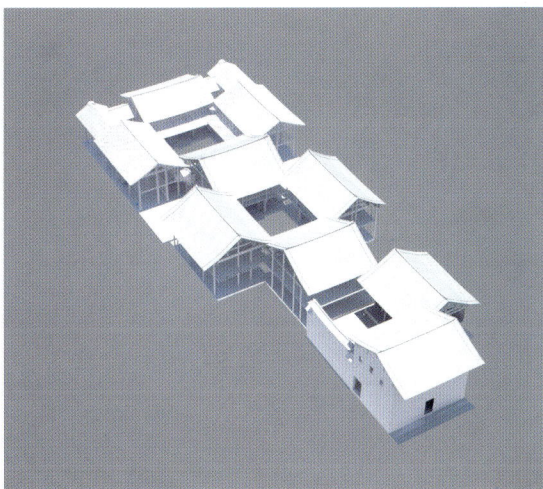

图1-16 完成之后的院落建筑结构模型图

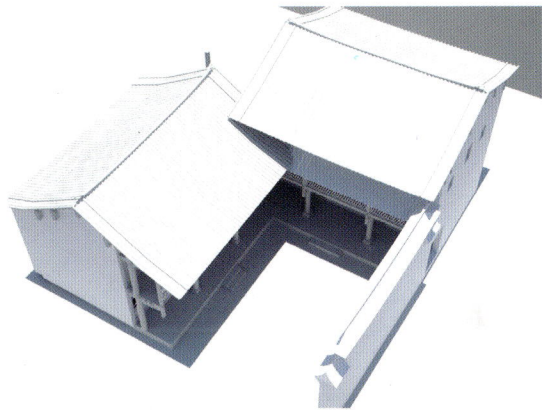

图1-17 单体模型图

课程总结：2008年《调研与测绘》课是目前我们带队去的最远、行程最长的一次，在出发之前做了比较充分的调研与准备，首先在测绘对象的选择方面，其次是测绘成果的深度与完成度方面。我们比较全面地制订了《测绘与艺术考察》课程成果的基本要求和工作平台，为以后的课程发展提供了坚实的基础。

作为具有延续性的课程，2009年我们继续了云南民族建筑调研的课题。这里以2009年测绘课程作为《测绘与艺术考察》课程全过程的记录。

第二章　课程设置

第一节　教学目标

经过第一年的建筑测绘，我们对于美院学生的测绘水平和能力有了更多的了解和信心。在2009年的《测绘与艺术考察》课程的教学目标设定方面，我们强调两个方面的目标。

一、通过对于民族建筑的测绘，使学生对于民族建筑的知识学习与实地参观认知相结合。从宗教建筑、民居建筑、建筑装饰艺术等方面使学生对于传统建筑有一个比较全面的直观认识。

二、课程突出环境艺术专业特色。强调对于民族建筑装饰的测绘。希望通过2-3次的连续性测绘，形成对于地区民族建筑装饰的系统测绘。

我们推荐的考察地点有两个：1.四川省阿坝藏族自治州丹巴县藏族村寨测绘；2.云南省景洪傣族自治州傣族建筑测绘。我们首先推荐的是丹巴藏寨，景洪作为备选方案。正在我们积极筹备的过程中，传来藏区安全的问题，促使我们放弃了丹巴方案，景洪则再次成为我们下乡的目的地。

教学目标和考察地点确定后，与学生进行了针对性的课题沟通。询问学生的想法和在经济方面的问题。教学目标的确定需要注重与学生的沟通，作为一门时间较长的外出考察活动，与学生的身体适应能力和经济支付能力都是密切相关的。现有经费一般情况下均由学生自费。作为一个完整的课题，如果因为经济问题导致部分学生不能前往，是对整个课程很大的影响，也是对教育公平性的一个伤害。

在沟通中学生表现出很高的积极性，表示能够支付前往较远地方调研测绘的相关费用。这样就完成课程的第一步——选题的通过。可以进入线路制定的阶段了。

第二节　线路制定

在确定了方向以后，就需要制定具体的考察线路了。这里包括几个核心问题：测绘地点、测绘内容、参观地点、交通、住宿饮食、费用、安全性。每一项内容都是非常重要的。

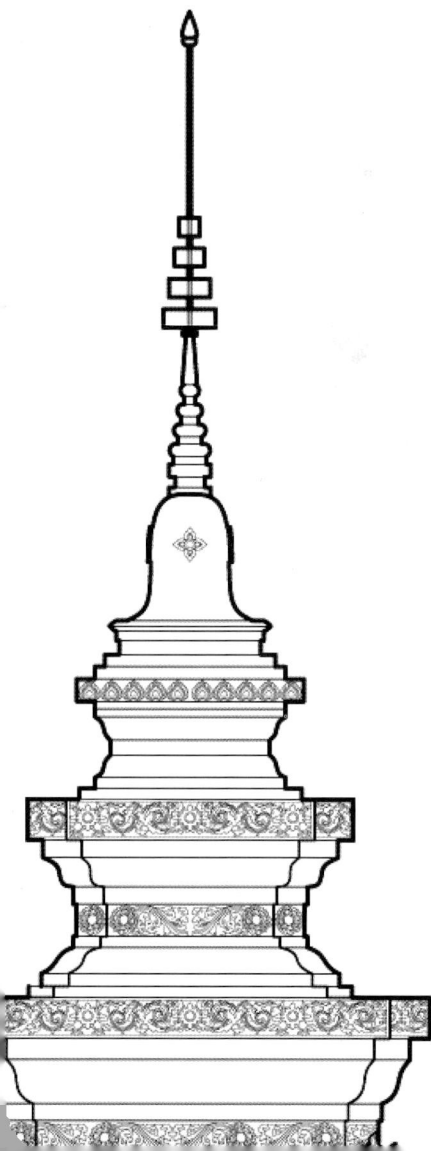

首先要确定的是测绘地点和内容。一般来说一个两周行程的调研测绘课题，能够定点固定测绘的时间一般为4-5天。根据以往的经验最好选择两个（以上）测绘场地，接力进行工作。一开始的第一个测绘地点选择规模应该较小，且难度较低。通过测绘热身，了解学生的特点同时也可以发现教学组织方面的问题。这应该是一个以单体建筑为主的测绘工作，主要围绕主体建筑的平立剖面来训练学生掌握测绘的方法以及熟悉使用的工具，另外安排两组学生，一组负责联系测绘简单的总平面，而另外一组则把重点放在景观上，尤其是有关植物的内容。第二个测绘的场地，适合选择具有一定规模的组团建筑，每两个组可以负责一个组团，同样有两个组来测绘总平面与景观。作为测绘工作的重点，该场地的选择需要选择具有地域建筑特色，设计建造优秀的代表性建筑。

其次是参观地点。学生总是喜欢参观超过测绘，安排具有吸引力的参观旅行。考虑到专业特点首先需要安排的是专业参观，考虑云南省植物园热带植物实习。另外安排去参观傣族民居村庄以及野象谷国家森林公园。

交通是云南行程中比较棘手的问题，云南地处高原，多山地，道路曲折，路况复杂。在2008年的课题中，发现西双版纳具有独特的亚热带人文建筑和景观特点，与大理丽江的高原山地景观与纳西藏族建筑风格迥异。但这是向南和向西的两条交通线路，在路途上要花费大量的时间，并两次往返昆明。长途行车使人劳顿，且增加安全的隐患。于是我们决定以景洪为中心组织行程。交通像以往一样采用全程包车的方式。

住宿与饮食是外出旅行很重要的保障。由于近年来招生人数的增加，每次外出的师生人数都在40人左右。这已经不能采用以往打一枪换一个地方，依靠当地朋友老乡的游击队模式了。现需要依靠地方有信誉的大型旅行社作为服务供应商，来解决我们的食宿出行问题。教师要做的事情是，要为学生寻找到服务可靠，价格合理的旅行社，与旅行社一起议定行程路线和时间表，以

及更加专注的进行教学辅导。住宿以安全、卫生、经济、舒适为排序标准。饮食在景洪是一件很容易的事，当地的饮食既有特色且便宜，因此除了往来路途中以及个别远离城市的参观地需要定团队餐外，大部分由大家自己解决吃饭问题。对于不熟悉的地方建议带队教师首先考虑订餐，在当地了解情况后再行决定是否自己解决。

费用包括往返火车飞机费用、当地交通费、门票、食宿费用以及旅行保险的费用。我们与学生一起与旅行社沟通价格，做到沟通与价格透明。此外尽可能在"五一"前返京，能够很好地节省费用。

安全是所有问题的原点。这里要考虑到道路安全，避免夜晚行车、长途赶路使大家过于疲惫，选择安全性高的公路作为出行路线。饮食安全也是很重要的，水土不服往往成为影响学生健康的主要来源，另外作为带队教师和班长需要分别准备日常需要的药品，主要以感冒、消炎、肠胃、治晕车的药品和创可贴为主。在外地的考勤制度有助于清点出发与回程的人数，每天晚上都需要由各小组组长报告回到酒店就寝的人数。居安思危，安全始终是教师面对的最大的责任。

综合考虑以上问题以后，就能够形成一个基本的教学大纲，同时作为联系当地旅行社开始前期工作的大纲。考虑到此后还有大量的联系和确认工作，这一工作应该在出发前2-3周完成。

第三节 课程组织安排

课程的前期组织工作琐碎而重要，每一个细节都会影响课程的进展。需要注意的是几个方面。课程的组织安排首先体现在撰写课程教案。课程教案需要详尽地阐述关于教学目标、教学安排、教学安排、成果要求等方面的具体要求。下面是2009年云南民族建筑调研与测绘课程的教案。

附表：《云南民族建筑测绘》课程大纲

中央美术学院课程教案

院　　系：建筑学院　　　　　　　　　工作室/教研室：环艺教研室

填表日期：2009 学年 2 学期　　　　　　2009 年 4 月 10 日

课程	云南民族建筑测绘			教师	钟山风 杨宇
课程类别	必修	考核方式	作业	授课对象	三年级本科
上课时间	4月19-4月30日	上课地点	云南	上课人数	38
教学目标	1.通过下乡写生实习，学生对于民族建筑的知识学习与实地参观认知相结合。从宗教建筑、民居建筑、建筑装饰艺术等方面使学生对于传统建筑有一个比较全面的直观认识。 2.要求学生通过实地测量、现场绘制相关图纸、三维建筑结构模型分析相结合提交。希望通过本次下乡测绘实习课程，能够使学生了解中国南方民族建筑的尺度形态与结构构造特征，熟悉实地测绘的步骤方法，并加强图纸表现与建筑结构、建筑装饰的理解掌握。 3.突出环境艺术特色。对于景观专业的学生，通过不同景观环境的实地考察与亚热带植物认知，提高专业能力。室内专业学生加强古建室内空间与室内装饰语言的掌握。				
教学安排	教学分为三阶段，前期准备、现场测绘、后期整理。 第一阶段，前期准备阶段。前期考察路线的制定与相关资料的收集整理工作。与学生讨论考察行程并讲解测绘的相关要求与测绘方法。安排学生准备相关考察资料与测绘器材。 第二阶段，为实地考察与测绘阶段。以测绘和参观相结合。注重现场的组织管理，合理地分配时间，充分地调动学生的主观能动性。帮助学生解决现场测绘中出现的疑难问题。 第三阶段，为后期图纸整理绘制阶段。在返京以后整理实地测绘采集的资料，绘制成图。				
教学内容	教学内容分三个部分。第一部分为前期准备与测绘方法讲授。第一阶段的教学内容以课程讲授为主，通过一次大课，向学生讲授以往测绘的案例，展示测绘成果，介绍古建测绘的相关注意事项、测绘技巧以及测绘工具使用方法。第二阶段教学内容为实地测绘指导。在实习课程中，要求对云南西双版纳地区的傣族民居、小乘佛教建筑以及民族建筑中的典型的装饰手法进行实地考察。并对曼飞龙白塔、景洪曼听佛牙寺进行建筑测绘。绘制建筑平立剖面图、运用软件搭建建筑结构模型，同时绘制相关建筑装饰细部的详图。对曼听公园的总佛寺的民族建筑装饰进行测绘，并绘制相关图纸。此外作为景观专业的热带植物实习，要求提交测绘场地的植物配种表格。同时将学生分成不同的课题组，根据不同的课题内容进行有针对性的指导。平面测绘为一组，立面测绘、细部详图测绘分别根据建筑单体来分组工作，要求在现场完成所有的数据采集。白天现场测绘，晚上任课教师组织各组整理资料汇总分析。第三阶段，主要是返京后，将测绘资料整理成图。				
作业小样					
评分标准	现场测绘占60% 图纸绘制占40%				
参考书目					

　　其次，与承担旅行服务的旅行社积极沟通，从中发现价格合理、服务可靠的合作社，并与之确定与之相关几个重要内容：周密的旅行行程、合理的价格、出发的人数（包括姓名、性别、身份证号、联系电话）、出发与回程的时间、购买相关保险。其中最基础的工作是行程和价格的确定，需要考虑到两个方面因素。一方面要考虑到学生经济条件，尽可能压低报价；另一方面要避免选择大大低于市场价格的旅行社，这样的旅行社往往存在着服务隐患，外出首先需要保证的是学生的安全健康。此外，尤其要特别确认的是全程包租车辆的车型、车况、路况，做到安全。

附表：旅行社行程单

【昆明、西双版纳十日】

时间	行程	交通	游览景点	用餐	住宿
19/4	北京 昆明	🚌	接机，入住酒店	无	昆明
20/4	昆明 景洪	🚌	早餐后乘车赴西双版纳（车程约10小时），途中墨江用中餐	早中	景洪
21/4	景洪 勐仑 景洪	🚌	早餐后乘车赴勐仑（车程约2小时），中餐后参观爱国主义和科普教育基地勐仑植物园60，晚餐后乘车赴橄榄坝傣族园35游览，参加傣家最神圣的泼水活动	早中晚	景洪
22/4	景洪 勐龙	🚌	早餐后乘车赴勐龙（车程约1.5小时），曼飞龙白塔写生10	早	景洪
23/4	勐龙 景洪	🚌	行程同上	早	景洪
24/4	景洪	🚌	早餐后曼听公园总佛寺写生15	早	景洪
25/4	景洪	🚌	行程同上	早	景洪
26/4	景洪	🚌	早餐后乘车游览原始森林公园35，中餐后游览野象谷40	早中	景洪
27/4	景洪 昆明	🚌	早餐后乘车返昆明	早中	昆明
28/4	昆明 北京	🚌	早餐后游鲜花市场，送团，结束愉快的行程。	早	
结算价	1870元/人				
报价分项	住　宿：昆明40元/人，西双版纳40元/人 用　餐：早餐5元/人，正餐15元/人 用　车：全程空调旅游车900元/人（含全程过路费、油费、停车费、司机吃住费用及服务费） 门　票：行程内所列景点第一门票共计250元/人 导服费：260元/人 西双版纳网络信息费：21元/人/天×6天=126元/人 保　险：10元/人				
提供标准	酒店：全程二星级酒店或准二星级酒店标准间（单男单女另付房差或安排三人间） 用餐：早9晚5，正餐十人一桌，八菜一汤，不含酒水 用车：空调旅游车 门票：所列景点第一门票及傣族园电瓶车、野象谷单程索道 导游：各地导游服务及全程陪同服务 交通：含行程内各城市间交通费用 保险：已含游客人身意外伤害险及旅行社责任险				
购物安排	全程不进购物店				
注意事项	行程以最终确认为主。在保证不减少任何一个景点的前提下，当地旅行社及导游可根据实际情况合理调整游览顺序。如遇人力不可抗拒因素造成团队滞留，滞留费用客人自理，我社协助安排！				

第四节　出发前的准备工作

出发前有很多的准备工作，最重要的有两件事。一是开动员会，讲解课程要求与介绍测绘成果要求，二是准备测绘器材与收拾行囊。

其中成果介绍是非常重要的准备工作。此次我们很高兴能够介绍以2008年云南民族建筑测绘成果为案例，逐一介绍了测绘深度要求、图纸成果要求、建筑结构模型的成果以及热带植物实习的报告范例。作为常年开设的成熟课程大多能够在以往的成果中找到相关的成果，如果是新开设的课程，则需要求助图书馆和书店，从古建测绘图集中找到成果参考发给学生。这样的介绍需要在出发前至少一周来安排，以便学生能够熟悉图纸要求和做好相关的准备。作为出发前的课后作业，我们要求学生一方面熟悉以往测绘的成果要求，另一方面要求他们做好出发前的资料收集，例如测绘建筑的卫星航拍图、历史资料介绍，参观地点的相关介绍等。

测绘器材包括以下内容：

50米卷尺：主要用于现场总图放线测量。需配备3个（配图）

激光测距仪：用于测绘长距离的横纵向尺寸，以及竖向尺寸。该仪器重要通过激光反射测量距离，有各种读取测量数据的设定，请出发前详细阅读产品说明书并带够足量的电池。需配备2个。

5米盒尺：体量小，便携性强，建议每组配备3个。

笔记本电脑：配置不需要很高，但需要有较好的电池供应。每组至少配备一台。

图板、绘图纸、铅笔、橡皮等：个人测绘自备。

数码相机：每组须有一台用作资料收集。

插线板：每组自带2个作为工作用。

个人物品与平时出行的内容大同小异，这里需要强调的有两点。首先是身份证和学生证两者同时要带。身份证用来作为行车住店以及应付各种检查的凭证。而学生证则是参观时购买学生票，享受合适折扣的唯一凭证。以前经常发生因忘带学生证而无法享受优惠的遗憾。其次就是个人使用的插线板，现在学生出门都是高科技装备武装到牙齿，手机、电脑、数码相机、随身听等等，每人都有大小用电器5个以上，这么多的插座是不可能在乡村酒店的房间中找到的。且行程中都是短时间小住，时间有限。自带插线板能够解决很多困难。

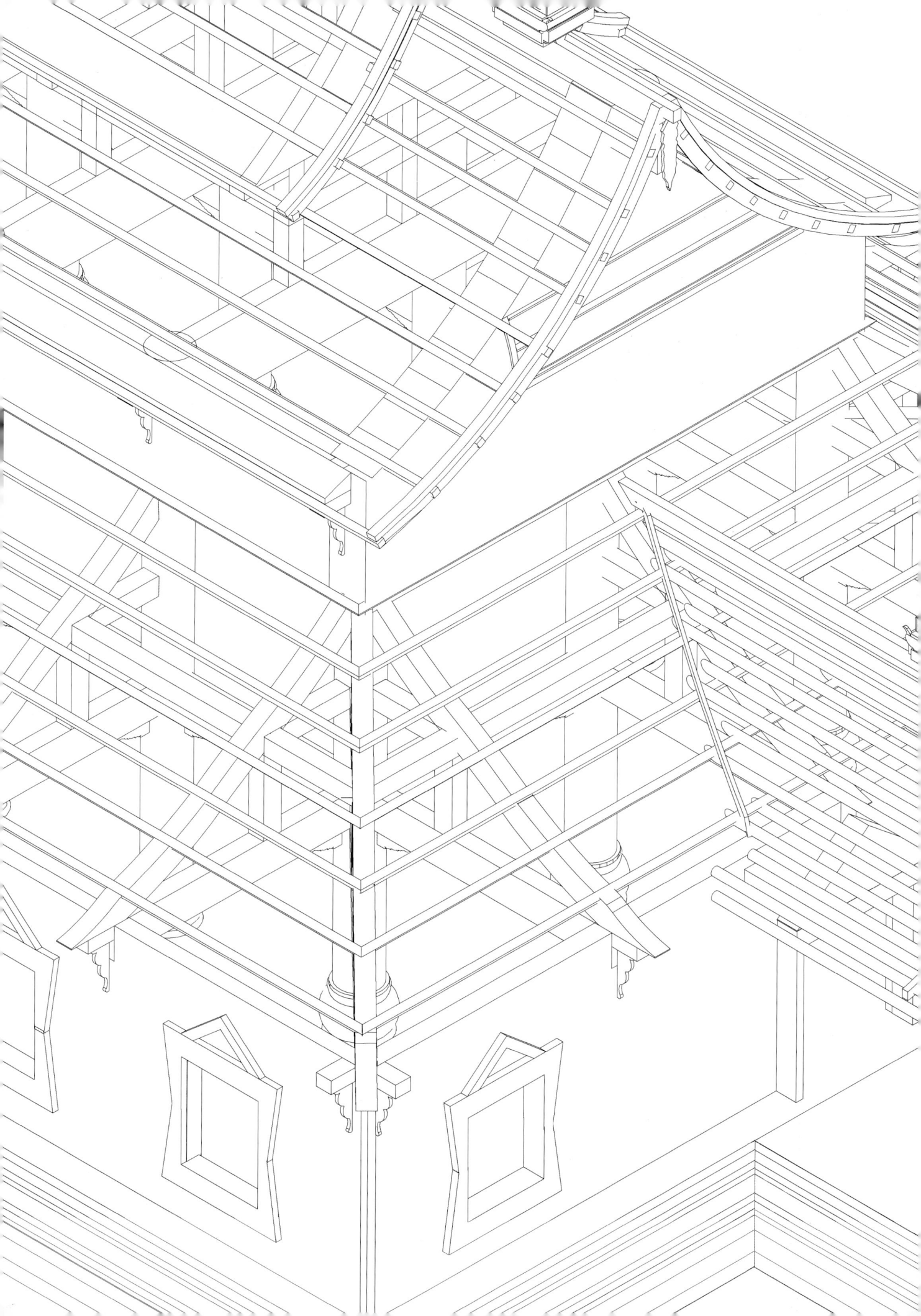

第三章　测绘课程组织

多年以来，我国传统的室内设计教育沿用了传统的工艺美术装饰风格，在教学中，通常将基础课程中的空间设计与建筑制图孤立地分开进行训练。这样容易造成知识结构断裂，使学生沦为单纯的塑造形体或机械的描图工作。造成在设计中对于细节和尺度的把握，与制图中对于形体的三维认知二者形成深度和本质的分离。学生在制图过程中，往往在没有深入理解绘制对象的前提下，盲目绘制，只有漂亮的图面效果而忽视了绘制对象的实际结构和细节特征。

受到国外现代主义设计思潮的影响，以及目前国内设计市场对设计师技能的要求不断提高，测绘课程将学生基础建筑知识与建筑制图原理及规范相结合。将"建筑制图基础"作为新课题研究，是为了对设计基础学科的更准确的定位。课程遵循了"包豪斯"现代设计教学体系中，强调在设计基础阶段，培养学生对由平面、立面形成的三维空间的解读能力，通过对建筑形体、结构的分析，理解，训练学生对建筑形体的敏锐观察力，从而提高绘图技巧。在课程组织和最终成果的要求上，希望达到以下几个方面的教学目标：

1.帮助学生在理性的认知方法和认知能力的基础之上，强化在构成设计中建立的视觉认知系统，是对传统的构成训练的延续和强化。

2.是连接基础课程与高年级专业建筑制图课程的桥梁。通过对目标的观察，让学生用专业的技术手段还原形体的结构关系，这种还原能力是以形象思维和抽象能力相结合建立的认知体系。

3.让学生意识到绘图技巧的重要性，因为绘图技术是设计形式表现的基础手段，也是在未来的实际建造中实现最终设计效果的技术前提。

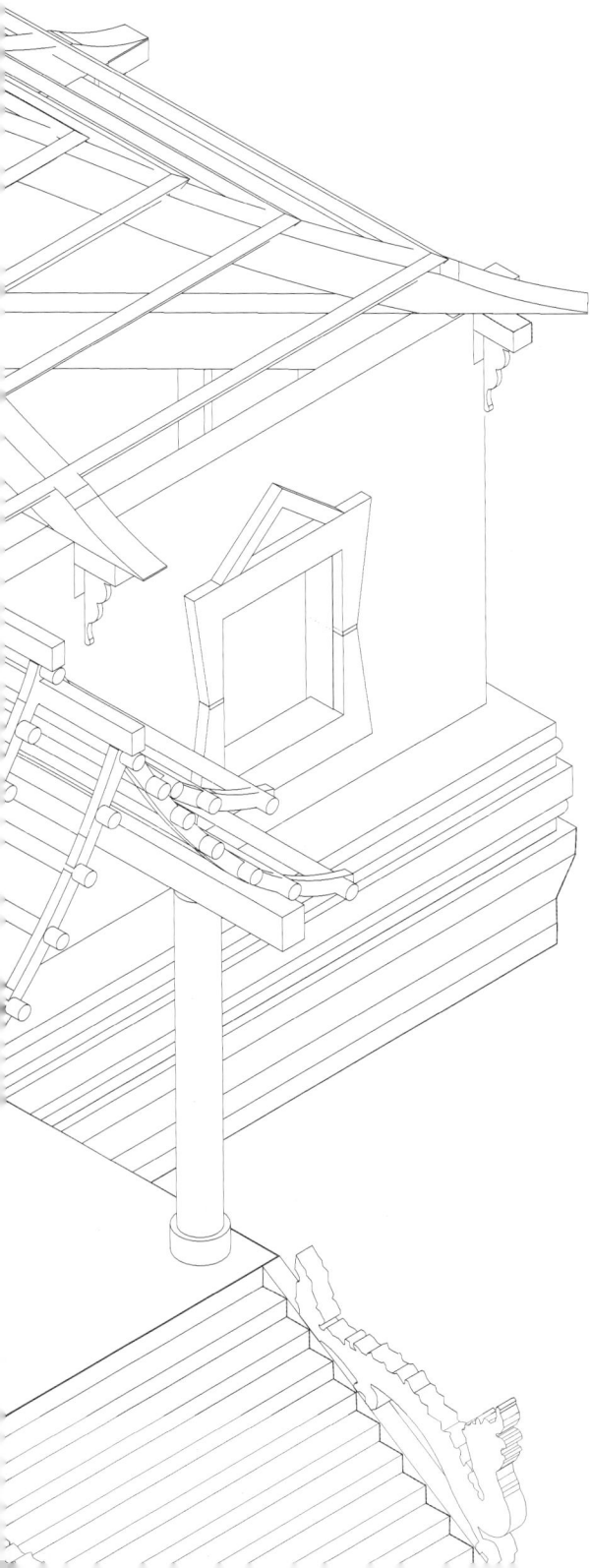

第一节　教师现场勘踏与确定测绘重点

作为三年级学生的测绘，时间只有五天。测绘对象的难度和工作量必须根据学生的专业技能掌握程度和时间来确定。这就要求老师对实地进行预先现场勘察，勘察过程中，老师必须对整体环境和建筑现状有非常清晰的理解。这样才能合理，有效地进行下一步的工作分配。在进行现场勘踏时需要注意几个方面。

（a）场地环境：

场地环境包含总体面积尺度和景观环境的复杂程度两个方面。我们所测绘的主要范围是

建筑组群的室外空间——庭院。庭院景观是与室内空间相互为用的统一体，又是为建筑创

造小自然环境准备条件。对于初次测绘的学生而言，整体面积不宜过大。园林的平面布局，多为自由变化的原则。对于景观专业的学生来说，因为身在北方地区，对于植物种类的直观认知有限，云南的独特的气候条件使植物种类千姿百态，利用这次机会选择植物种类丰富的景观环境来进行植物认知和测绘是非常难得的现场授课体验。2009年曼飞龙塔的景观环境就非常符合景观测绘和调研。整个环境建筑不多，以植物为主，且种类多样化。尤其是地面铺装，根据主塔为中心向外放射，道路与植被相互穿插，形态自然美观，同时具有宗教暗示的寓意。是学习植物配种和硬地铺装设计的很好的案例。（参见图3-1）

图3-1

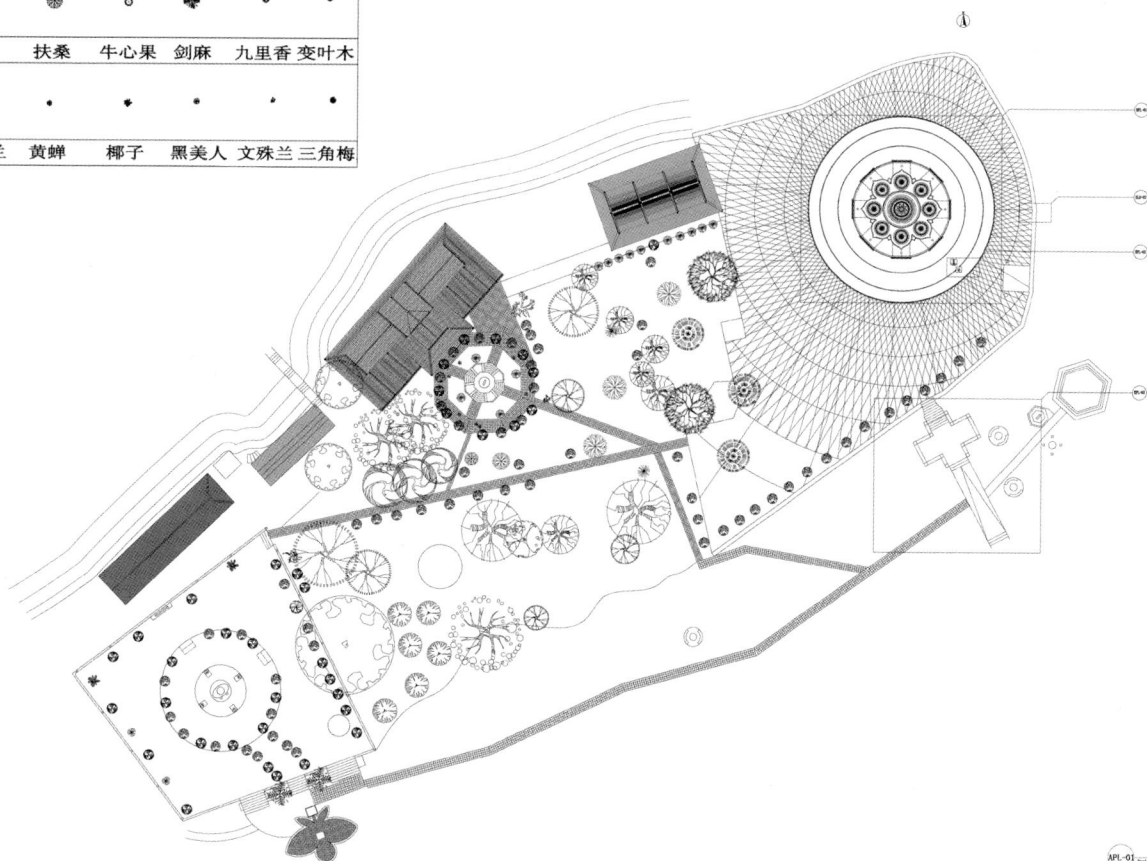

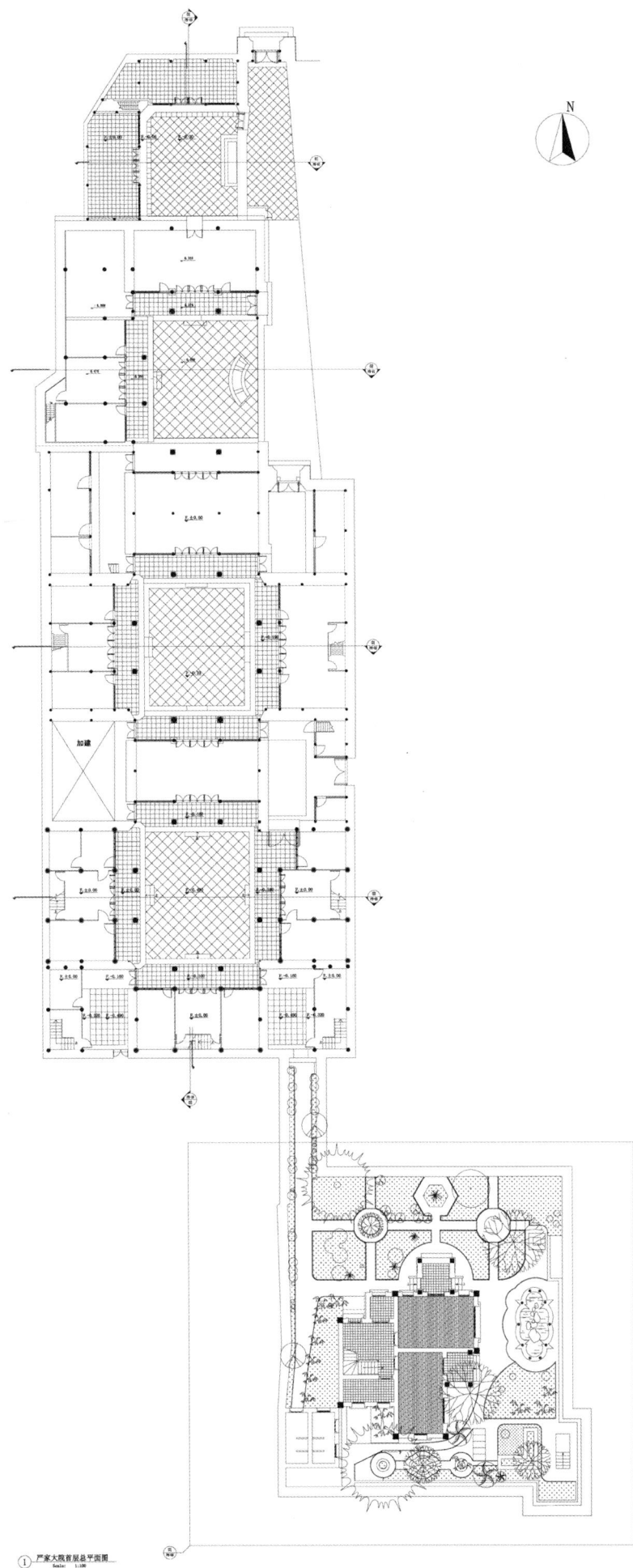

（b）建筑组群及空间尺度

我们希望通过对总平面的测绘使学生了解并重视建筑组群平面布局的理念。中国古代建筑组群的布局原则是内向含蓄的，多层次的。由于建筑群是内向的，要了解建筑的完整形象必须从组群院落整体去认识。因为测绘面对的是传统寺庙或民居。建筑群落经过时间的演化形成自发的多次加建或改造，因而，在选择时应尽量选择疏密有致的建筑规划格局。每一个建筑组群至少有一个庭院，大的建筑组群可由几个庭院组成，组合多样，层次丰富。舍弃一些多余或外部条件不好的单体，尽量还原原始的规划形态。

建筑单体往往是最能反映当地地域文化的载体。我们所测绘的对象大多为当地具有少数民族风情的原生态的传统建筑，很难从书籍或网络中找到相关资料。学生在建筑理论课程中也很少接触到。所以，作为老师应该在前期勘察时分析建筑的结构特点，装饰元素的文化内涵，这样可以节省时间，以便在正式开始测绘时快速有效的帮助学生理解建筑形态，进入工作状态。受到测绘工具和仪器的限制，对于建筑的选择应避免超大尺度的寺庙宫殿，尽量不用梯子等大型辅助设施，从而减少人为地对古迹的损坏，也减小测绘的工作量。2008年的严家大院测绘就是最理想的建筑规划尺度。整体建筑格局非常清晰，具有云南民居典型的"三房一照壁，四合五天井"的院落式。建筑层高最多两层，均为暴露框架结构，测量工具和仪器很容易覆盖。周边有更高的临建设施，可以让学生在更高的地方观察建筑屋顶结构和整体院落格局。（参见图3-2）

图3-2 严家大院首层总平面图

（c）装饰构件的特点

对于室内设计的学生来说，装饰纹样的收集和整理是下乡调研的重要组成部分。很多素材在将来都可以运用到实际设计项目中去。云南丰富的异域文化特征使得无论斗拱、挑檐、雀替等建筑构件还是室内外装饰纹样都非常具有特色。对于彩画的选择，老师前期要重点考察内外檐的梁枋、斗拱及室内天花、藻井和柱头的彩画构图与构件形状的切合度，绘制的精巧程度和用色特点是否具有当地特色等。对于墙壁上的砖雕、台基石栏杆上的石雕、金银铜铁等建筑饰物，要考虑雕饰的题材内容如：动植物花纹、人物形象、戏剧场面及历史传说故事等是否有当地文化内涵和少数民族风情。另外，在古建筑的室内外还其他的雕刻艺术品，包括寺庙内的佛像、门口的石人、兽等也非常具有记录价值。由于时间的限制，老师也应当对大量的装饰纹样进行筛选，选择其中最能代表当地文化特色的内容，对很多传统建筑夹杂过于烦琐的装饰纹样进行筛除。以2009年曼听总佛寺十二生肖测绘为例：十二生肖是中国传统建筑中最为常见的装饰元素之一，而在曼听总佛寺，受到东南亚历史文化的影响，十二生肖的形态和色彩都非常具有特色，迥异于常见的汉族建筑装饰。尤其是在对"猪"的描绘上，使用了"象"作为替代，反映了一种独特的地域文化。通过对类似的建筑装饰的研究和记录，是学生了解历史、文化和民俗的最生动的手段。（参见图3-3、3-4）

图3-3 曼飞龙塔、佛牙塔和曼听总佛寺

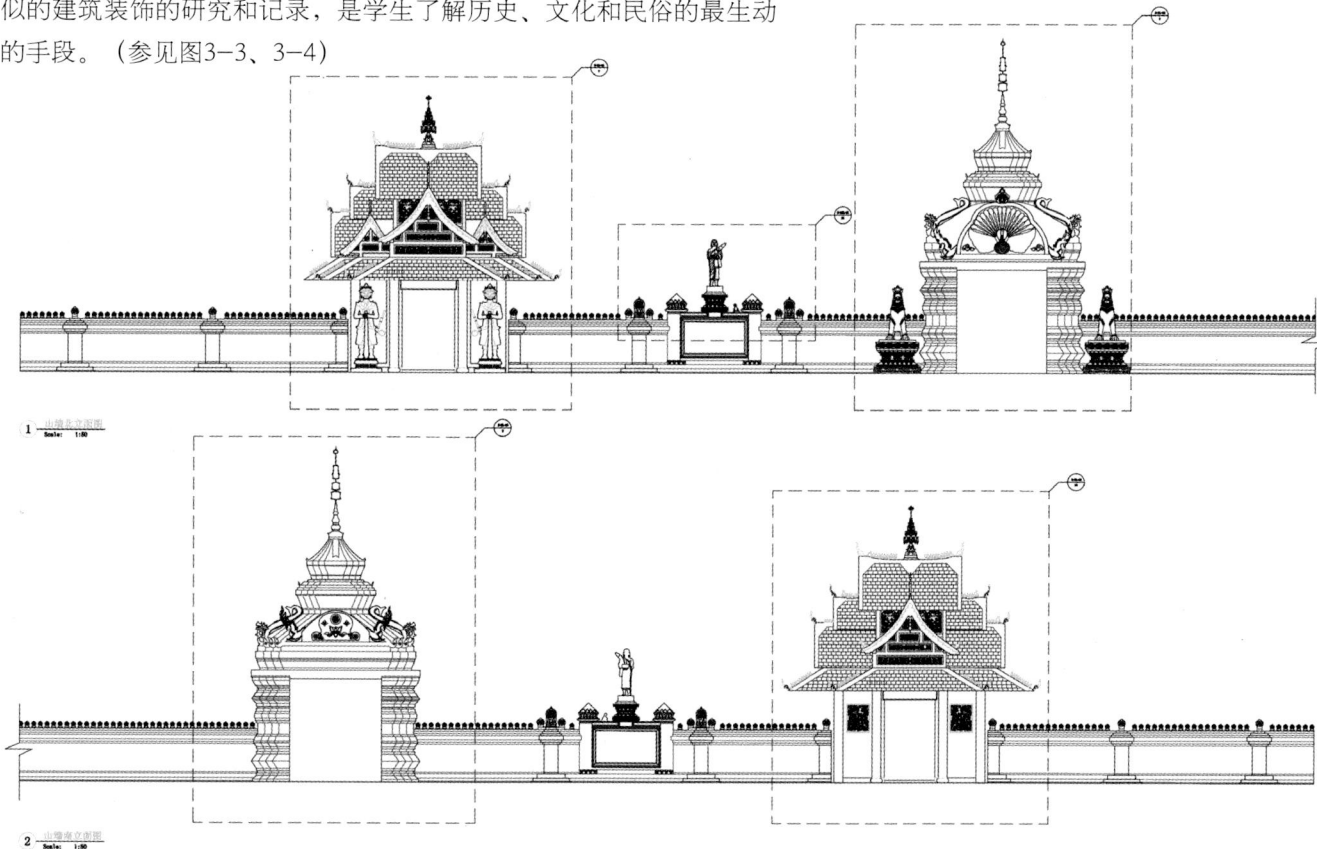

图3-4 选定测绘地点分别为曼飞龙塔、佛牙塔和曼听总佛寺

(d）现场测绘条件

作为下乡测绘的带队老师，不仅要在专业上为学生预先安排教学内容。另一方面，应该从衣食住行等配套环节为学生创造良好的工作条件。前期现场踏勘中重要的一点就是对现场的测绘条件进行评估，了解周边的人流密集状况，附属设施，如饭馆、医院、车站等。看看是否具备基本的工作环境、吃饭、交通条件等。由于测绘地点有时在村庄，所以老师必须提前和带队导游安排当地村民为学生准备午饭。

第二节　分组分工确定工作内容

学生测绘的目的不仅是提高建筑认知和绘图能力，其中，重要的一点是培养作为职业设计师的自我组织。相互协调能力。在当代的设计流程中，小组工作已经成为主流的设计运行模式。设计师为使效率的最大发挥，应当依靠合理、科学的组织工作包括团队内部配合与团队之间的良好协调，有目的、有计划地与团队其他成员相互协作。学生在学校期间多以个人创造为主，很难有这样的机会与如此众多的人一同进行大规模的实际工作。因此，学生测绘的组织形式完全参照实际工作的状态来建立。

首先，老师按照景观、建筑单体、室内空间、建筑结构分析、建筑装饰元素等部分进行工作小组的划分。根据预先现场勘察的情况进行评估，针对不同部分的工作量的大小相应增加或减少共组小组的配比。具体内容如下：

景观：以景观专业学生为主。测绘内容主要有：

景观植物调研：植物种类，植物半径，植物种植位置

总平面图测绘：首层总平面图，屋顶总平面图

建筑单体：根据单体的尺度及结构复杂程度由2-3个小组进行测绘。测绘内容包括：

建筑外立面：建筑轮廓尺寸，建筑屋顶、檐口、柱身、台阶、门窗等建筑构件。

室内空间：根据空间的尺度及结构复杂程度由1-2个小组进行测绘。测绘内容包括：

室内立面，室内平面布置，室内地面材料，室内装饰

建筑结构分析：由对三维建模软件操作熟练的学生组成对主体建筑结构进行分析，现场绘制三维结构图

建筑装饰元素：由1个组完成，测绘内容主要有：

对室内外有特色的装饰元素进行拍照，写生，测绘在开始工作前，以5-6人为一个小组团队。在接到老师分配的测绘任务后，小组之间要有明确的工作量划分，并将各自所要负责的工作以书面形式报告给老师，老师定期对小组组长进行工作检查。每个小组负责人与各自小组成员对要进行测绘的对象的环境、各部位结构、界面衔接、细部结构等共同进行讨论，并对各个成员进行工作职责的分配。因此，当进入到测绘流程中，才能更有效地对各自工作中的准确度控制，提高测绘的效率。

图3-5 曼飞龙塔

图3-6 佛牙寺和曼听总佛寺

图3-7 现场测绘情况

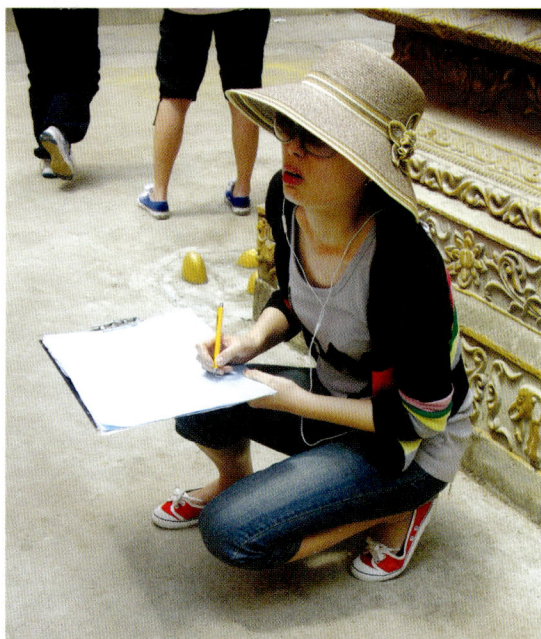

图3-8 现场测绘情况

第三节　现场测绘

现场测绘是整个课程的最重要的环节，由于在现场只有几天的时间，因此，每一天的工作进度和成果都至关重要。由于学生是第一次进行复杂的建筑测绘，在开始时会出现盲目、混乱的局面。老师必须时刻对各组学生的状态有清楚的了解，对过程中所暴露的问题和测绘难点及时和学生沟通，必要的时候协助学生工作。

（a）合理利用时间

每天学生停留在现场的时间平均是八个小时，能否合理利用这八个小时是决定每天的成果的关键。首先要让学生明白的一点就是，在现场的工作主要是对数据的收集和记录。先对场地及建筑外观有一个基本的了解。小组内根据每个人的工作特点和专业技能程度分配工作。

最好的工作方式是有一个人测量，另一个人随时记录。首先，以手绘的方式对总平面，建筑平面、立面的情况绘制下来。在画的过程中，同时也是一个了解整体环境和基本结构以及工作量测算的过程，通过拍照和测量相结合，对于复杂的装饰纹样可以以正立面投影的原则进行拍照，同时记录轮廓尺寸。

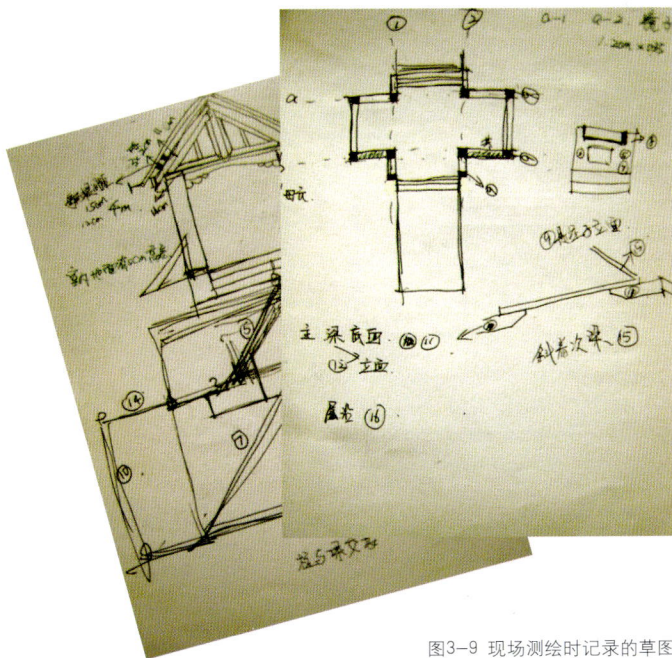

图3-9 现场测绘时记录的草图

（b）先理解、再记录

通过对几年的测绘课程的总结，我们发现在学生的测绘过程中，对于结构的理解程度，是决定他们测量速度和准确度的关键。尽管学生在学校基础课程里都接触过建筑结构和制图基础，但在第一次面对实际测量时，由于缺少绘图经验，往往会将以前的知识抛在脑后，开始的时候就陷入细节的记录，而忽视整体的轴线关系，主体建筑构件如门窗、台阶、屋顶与墙身比例等。老师应当在现场帮助学生回顾一些基本的建筑结构体系的原理，让学生从柱网、轴距、开窗规律等基本原理对建筑环境进行分析，在此基础上再进行测绘。保持一个清醒的结构框架，可以避免大量重复的尺寸测量工作，也避免由于施工误差导致的尺寸误差，为以后的图纸整合工作带来困惑。

（c）开动脑筋、想办法

在开始时的另一个问题就是主要体现在学生缺乏测绘经验和技巧，对一些大尺度的无法直接用尺子测量建筑单体部分不知道如何推算尺寸。例如：建筑高度受测量仪器的限制，是测量难度最大的部分。这就需要通过启发学生用其他手段对建筑高度进行推算。学生可以根据墙砖的数量结合单砖模数计算出墙身高度。找到一个周边较高的观察点，通过对已知的墙体尺寸用比例关系分析的手段来推测屋顶与墙身的比例。另一种方法是学生根据室内的暴露框架，用激光测距仪找到室内屋顶的最高点即屋脊底部距地尺寸。然后根据对屋顶结构的观察与分析，根据梁架结构的层次和单体构件诸如檩木、椽子、屋面板、望板、铺瓦的尺寸或厚度等推算室外屋顶的高度。通过不同方式所得出的数据虽然无法做到完全正确，但结合传统建筑的营造制式等理论知识后，最大限度地接近实际的建筑高度。在这个过程中，学生对于古建结构形式有了最深刻的体会。景观专业的学生对于当地植物不熟悉时，可以通过询问当地导游或周边居民来获取信息。

第四节　做法细部研究与讲解

在我国先秦的著作《考工记》中有这样的论述："知者创物，巧者述之，守之也，谓之工。"他所探讨的实际上就是"创造"与"制造"的关系。也就是"艺术"与"技术"的关系。建筑空间是由艺术与技术的结合所构建的。装饰元素是为了保护建筑的主体结构，完善建筑空间的使用功能，采用装饰装修材料或饰物，对空间内部表面和使用空间环境所进行的处理和美化过程。古建筑测绘另一项重要组成部分就是通过观察从结构的角度出发，去探求古典建筑空间形态的过程，研究古代建造技术如何注入传统建筑空间的手段。

对建筑细部做法的研究测绘过程就是对传统建筑形式深入剖析并理解的过程。对于单体建筑的结构认知，要从阶基、屋身、屋顶(屋盖)三部分的组成形式入手：由阶基到屋身，由木制柱额骨架到其间的门窗隔扇；由木结构屋架造成的屋顶到屋面的曲线。分区分步骤向学生讲解。由于测绘对象年代久远，或限于当时的建造条件，以及中式传统建筑的特有的建造习惯，我们无法得到原始图纸。所以，要了解建筑构造，除了前期对相关古建书籍资料的调研之外，现场观察是最佳手段。例如，在前期踏勘时，我们发现，当地保留了大量明清时代采用穿斗式构架的民居。这些地区有的需要较大空间的建筑，采取将穿斗式构架与抬梁式构架相结合的办法：在山墙部分使用穿斗式构架，当中的几间用抬梁式构架，彼此配合，相得益彰。又例如，中国古代木构建筑的屋顶千变万化。它不仅为中国古建筑在美观上增加了不少神韵，而且对建筑物的风格也起着十分重要的作用。但是测绘难度也是最大的，如果单凭肉眼观察，很难总结出结构形式，况且，测绘对象多为具有少数民族风格的原生态建筑，造型与我们之前常见的结构形式有所不同。所以，就必须要从相关理论出发，为学生进行前期分析。首先，在比例关系上，屋顶在单座建筑中占的比例很大，一般可达到立面高度的一半左右。在结构性上，屋顶的造型虽然有许多变化，但基本形式其实很简单。古代木结构的梁架组合形式，很自然地可以使坡顶形成曲线，不仅坡面是曲线，正脊和檐端也可以是曲线。也可以运用穿插、勾连和披搭方式组合出许多种式样；建筑的等级、性格和风格，很大程度上就是从屋顶的体量、形式、色彩、装饰、质地上表现出来的。而我们所测绘的大多是带有纪念性或象征神权的寺院大殿，众所周知，古建的屋顶五种主要形式，庑殿或重檐庑殿顶、歇山或重檐歇山顶、悬山顶、硬山顶和攒尖顶。这些风格不同的屋顶形式。主要在于"叠梁式"构架可以根据设计需要加以处理，有极大的变化余地。而我们所选择的建筑基本以明造为主，暴露的木框架结构可以让学生通过现场观察，由老师现场讲解，并借助三维模型来还原建造形式。从这些理论基础入手，引导学生用标准的结构形式对比当地特色建筑风格，找出差异性，以最准确的方式反映建筑文化内涵。

测绘与普通制图的区别在于，通常制图中，门窗等建筑构建多以抽象图例的形式来表现。而测绘制图则需要将所有的结构形式在图纸中反映出来，无论是窗框的线脚，还是门轴的位置都必

图3-10 两位教师在总佛寺随行指导

图3-11 佛牙寺屋顶

图3-12 曼飞龙塔山门斗拱

图3-13 佛牙寺雨棚屋顶结构

须通过测量如实还原，这就要求学生对细部结构进行细致观察与研究，从而对于传统建筑的特点有更深入的认知。只有在对结构理解的基础上，才能以更科学有效的方法进行记录。

第五节　资料整理与合图复尺

在现场大多学生都是以手绘、拍照、写生等手段进行尺寸收集和记录，同一个测绘对象往往是由几个人一起进行测量和记录的，因此，每天测量后及时地将各自资料汇集统一进行ＣＡＤ录入是非常重要的工作。在这一过程中，集体工作的重要性被凸显出来，学生将各自记录的资料整合在一起，由软件比较熟练的人进行ＣＡＤ录入。绘制的过程就是整理的过程，在现场学生大多忙于各自部分的测绘，经过整合后，学生往往在这一阶段才开始对建筑空间及细节最终有了完整的认知。

由于学生是第一次对大体量的建筑景观进行测绘，在尺寸收集过程中缺少科学合理的记录经验。因此，在测量与绘制工作之间难免会有误差，很容易发生有些尺寸和成图不符或缺少尺寸的现象，这就要求他们必须重新回到现场进行复核。这一阶段可以使学生很直观地了解自己所犯的错误，并能够及时改正。由于有了前一天的资料整合和图纸录入，因而，复核的目的与内容非常明确，速度与效率也有了很大的提高。

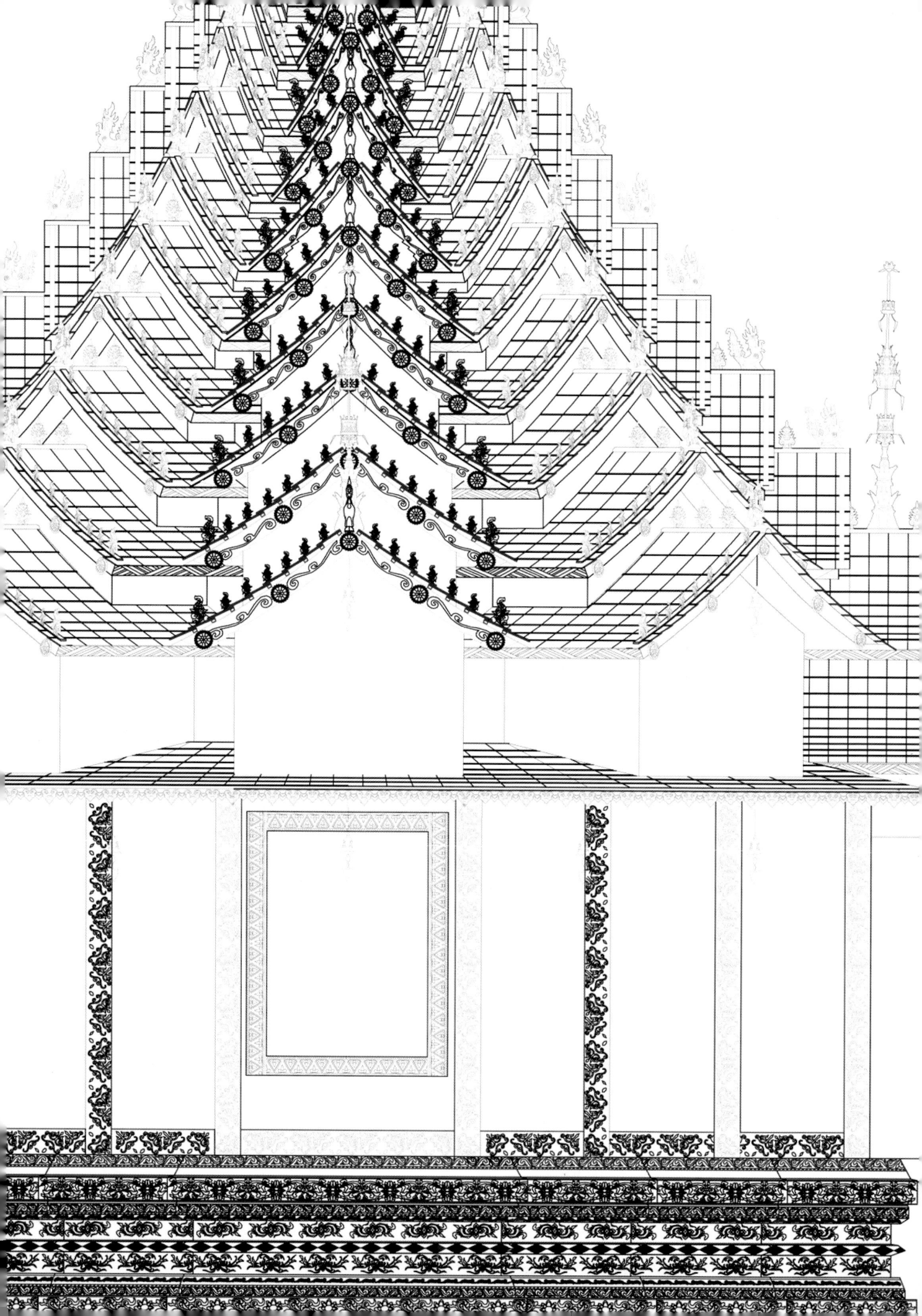

第四章　制图整理

相对于其他性质的设计课程，测绘的最终目的是更注重于理性的形体结构观察与专业制图技巧相结合的训练。在学生经过实地测绘对建筑空间形体与结构有非常清晰的认知之后，在这一阶段，就要开始全面地完成从建筑测量数据到图纸的相互转换。通过这一阶段的图纸绘制整合工作，使学生初步了解图纸规范对于设计的意义。图纸是作为表达设计思想的方式。严格深入的制图规则，有助于促使设计师能够更深入全面地思考解决设计中的诸多专业问题，从而在客观上规定了设计内容表达的深度与广度。因此，设计制图既是设计思想得以可靠落实的专业保障，也是设计能力得以提升的有效方式。利用这个机会让学生掌握制图的基本标准，不仅能够帮助学生加深理解测绘对象，同时也为下一学年的专业建筑制图打下基础。

第一节　CAD图纸工作平台的建立

三年级学生在之前的设计课程中，更多的是对自己的设计思想的简单抽象的概括表达，缺乏认真严谨的制图习惯。在以往的测绘成果中，无论是建筑图纸还是装饰纹样都以手绘的形式作为成图。但从目前的设计工作发展趋势来看，几乎所有的设计图纸绘制工作都是在基于CAD图纸工作平台上建立的。我们的要求是让学生学会利用CAD进行图纸整合工作。利用CAD平台就是强制学生对于数据的严谨性有更高的要求，同时将所有图纸数码化，利于保存和今后作为资料的实际应用性。通常，在下测绘后的图纸完成工作基本在回来后的一周之内在学校进行。在这一阶段，每个人都会介入到图纸绘制的工作中，集体配合、相互协调的工作模式同样延续在图纸绘制的组织过程中。所以，建立一个统一的CAD标准工作平台，是适应大规模集体绘图工作的首要前提。由于三年级还没有正式开始专业施工图课程，所以在图纸绘制前，老师必须对学生进行初级的施工图纸规范与标准的讲授。因为，最终成果中，每一张图纸都会包含不同小组的工作内容，一套完整的图纸应当有统一的线型、标注方式、图框。这就要求学生各组所收集的测绘资料在录入时必须建立在同一个标准上。所以，老师首先要帮助学生建立一个统一的CAD图层、线型、颜色、字体、标注等标准，这样，不同绘图人才能都按照统一标准进行图纸绘制，确保将来在合图以至出图打印时，所有图纸都有统一的出图格式。

第二节　成图&合图

作为测绘的最终成果，通常包括三个部分：

建筑图纸

主要指通常意义上的平面图、立面图、大样图等。在建立了统一的CAD标准后，学生开始各自根据标准进行最终图纸的录入工作。一部分是根据在现场整理的CAD图纸的调整和补充，另一部分是新的图纸的绘制。在这一过程中，老师不仅要随时帮助学生解决CAD

图4-1 同学们在紧张地进行图纸绘制工作

绘图技巧方面的问题，以及基本的制图规范，更重要的是对图纸是否准确反映了测绘的内容。由于古建的特殊性和复杂性，在绘图中，应当反复对照现场拍摄的图片，研究细部构造。绘制时要对一些细节进行必要的筛选。保留主要的能反映文化特色的建筑主体构建，舍弃一些过于烦琐或形态不佳的装饰元素。对于一些尺度非常小的装饰元素可以作为局部大样单独表现，而不必放在整体立面图中以免破坏图纸的整体性。总平面图由于包含景观和建筑多种元素，通常集合了不同小组的工作成果，所以在合图时要更加注意小组之间的配合以及尺寸是否能够相互衔接。通常合图工作要由某一组专业水平较高的学生独立完成，保证最终图纸的完整性和准确性。例如：2008年的严家大院由于包含了四组院落，由四组学生分别进行测绘。最终不仅需要总平面图的合成，也需要剖立面图的合成。这就要求各组首先在图纸标准上严格统一。在对独立院落的柱网、层高、轴距、墙体厚度、屋顶结构等基本数据方面积极有效地相互反复沟通，最终由其中一组进行整合工作时才能一次成图。

在设计事务所中，图纸组织是反映一个设计团队管理素质的窗口。我们的目的不仅是让学生掌握基本的图纸绘制能力，同时也希望通过这次集体测绘的机会让学生了解作为一套完整专业的图集应包含哪些项目，它是否能够涵盖所有测绘的内容，如何通过图集整合来了解其他团队工作

成果，和与自己工作部分的相互关系。要在短时间内完成一套庞大的图集整合工作，首先需要学生有一个清楚的对于工作量的预先认知。所以老师要帮助建立一个完整的图纸目录。具体的图纸目录如下：

封面：

图纸目录：

图例：

首层总平面图：1：200。所需要绘制的内容：植物种类标注，植物半径实际尺寸，室外地面道路铺装，室内外地面标高，首层建筑平面，建筑轴线标注。

屋顶总平面图：1：200。所需要绘制的内容：植物种类标注，植物半径实际尺寸，室外地面道路铺装，室内外地面标高，建筑屋顶平面。

建筑单体平面图：1：100。所需要绘制的内容：外墙：轴线及轴号、轴距尺寸，外窗尺寸。

室内：房间名称，墙体及固定设施/造型，立面图索引符号，放大平面索引（如有局部放大平面），室内地面铺装。

建筑室外剖立面图：1：50。所需要绘制的内容：建筑标高、建筑轴线及轴号标注，放大索引符号。

建筑室内剖立面图：1：50。所需要绘制的内容：建筑标高、建筑轴线及轴号标注，放大索引符号。

局部放大图：1：50或1：20。

（局部放大图可以是立面图或局部建筑装饰图，如果都有，可将图纸放在同一张图上）

注：所有图纸均需有图框，图框应注有：图纸名称，图纸编号，绘图人姓名，绘图日期

根据以上要求让学生对应自己的工作部分，按照所列的图纸标准自我检查。同时确定一个总负责人来最终收集组织所有图纸。

三维建筑结构分析图纸

表现形式是以Sketchup为平台的三维模型绘制。这种方式在以往的院校测绘中是不常见的。而在实践的过程中我们发现学生对这部分工作往往抱有极大的工作热情。所以，我们从学生的兴趣出发，针对现在学生对三维软件熟练操作的特点，引导他们通过建模的方法来还原真实的传统建筑结构。让学生以生动的手法去全方位的理解古建的比例和尺度关系。根据历年不同调研区域，模型有古建民居、寺庙大殿和傣族佛塔等几种形式。其中傣族佛塔的结构特点最难把握。以2009年测绘的西双版纳曼菲龙塔为例，塔由大小九塔组成，共同坐落在圆形须弥座基座上，九塔也都是圆形。中央一塔最高，由三层逐层收小的须弥座组成塔身；其余八塔形象与中塔相似，但只有中塔一半高。在基座上，对应各塔呈放射状地有八个山面朝外的两坡小佛龛，是傣族建筑中的代表性作品。而其原始图纸早已流失，当地人只能靠粗糙的模仿进行复制。这一组学生所完成的模型是建立在严谨的测量基础上的。所以它不仅是作为测绘成果，同时也是非常珍贵的第一手建筑资料。

建筑装饰纹样图集整理

作为环艺专业的测绘成果，对建筑装饰纹样的整理与绘制则具有重要意义，首先，它作为一个传统文化保护工作；其次，受西方现代注意设计思潮的影响，学生们更多地把精力放在简约、工业化风格的设计手法上，而对中国传统文化中的装饰部分疏于了解。实际上，今年以来随着新古典主义的回归和东方文化在世界范围内越来越广泛的影响，对于在设计中掌握中国传统图案的能力也成为设计师所需要具备的专业知识，通过直接的对装饰构建测绘并转化为CAD图纸，取代原来的单纯从装饰纹样画册中临摹，学生对于内容的理解和比例关系的协调感印象更为深刻。

按照中国古代建筑装饰的特点，图纸绘制分为彩绘和雕饰两个部分。绘制方法是将拍摄的装饰图案照片插入到CAD中进行描绘，在描绘过程中，要注意尽量保持原图的神韵和形状特点，这既需要细致的描绘也需要绘图者的自我审美情趣。因为云南西双版纳地区的建筑装饰用色具有很强的时代性、地域性和民族性，为了更全面地体现调研测绘成果，从2009年开始，我们将建筑装饰的测绘范围和深度加大，除了单线绘制外，利用illustrtaor等平面设计软件，更增加了对装饰图案色彩的还原工作。

总结

测绘作为环艺设计基础课程之一，是将建筑结构与工程制图规范和绘图技巧相结合的一门初级课程。顺应现代社会对设计人才的发展要求，即：一方面，具有对三维建筑空间的深刻认知能力；另一方面，能够熟练地用专业制图技能将对建筑空间的理解转化为二维图纸。学生熟练掌握了这一课程所要求的技能后，对于他们在高年级的专业建筑制图，以致未来的实际工作都具有重要意义。这一阶段通过对施工图基础理论讲授，使学生能够把握施工图绘制中的通常规范、基本结构，解决设计制图中的平面、立面、节点之间的相互关系。其中在以下几个方面对于培养学生专业设计素养起到了积极的作用：

1.立体观察：不盲目地进行图纸绘制，而是对建筑形体深入的观察分析后进行绘制，是作为设计师重要的设计素养之一。

2.数据模式：通过按比例实际测量的数据作为绘制图纸的依据，突破了以往"纸"对"纸"的数据复制，使学生养成通过现场测绘进行数据收集、核实、整理的专业实践技能。

细节掌控：以轻松有趣的方式使学生有兴趣通过自己对形体观察将设计细节落实到图纸，做到图纸与三维模型的对应，让学生理解图纸上每根线、每个尺寸的来源。

第五章　学生工作日记回顾

从开学开始，我们环艺专业每个人心里都似乎开始期待着这一学年的下乡。从原定目的地是四川省的丹巴到更改为云南省的西双版纳，大家对这次下乡的热情和期待似乎是有增无减。

4月3号

在这一天下乡课程的负责老师杨宇老师和钟山风老师在教室里将我们聚在一起开了第一次下乡动员会，说明了这次下乡课程的起始时间、途经路线、主要任务，必须携带的制图工具以及接下来我们马上要落实的工作——包括完成分组任务并且递交分组名单，并且决定全班动身去云南的交通方式并要开始落实票务购买情况，最后就是要收齐大家这次下乡的具体费用，并把行程单发到每个同学的手里。

工作由环艺专业的景观和室内两个班长分别执行，很快落实了分组名单，并先收齐了下乡的所有款项。

最后和两位老师商量之后，我们最终决定由同学们自己根据自己的时间以及经济情况分头选择坐飞机和坐火车这两种交通方式分别在4月×号和×号分别抵达昆明市。尽管对于这个决定两位老师还是表示了有些担心，毕竟我们中的有些人从未踏足过中国的西南部，甚至从没有出过远门，但是我们还是像两位老师再三表示我们会互相照顾，使得我们每一个人都安全顺利地抵达我们的目的地。

云南，西双版纳。我们期待的地方。

大香格里拉
sens ashyoo

4月18号

我们选择坐飞机出行的同学已经分班次抵达了昆明市。在导游的引导下顺利下榻由旅行社提前预订好的宾馆。我们在昆明的第一夜充满了新鲜以及对这个城市的向往。富有春城美誉的昆明丝毫没有辜负我们的期待。夜色纯净而富有生活的气息。来往的人群热闹却不熙攘。丰富的商品市场以及沿街的各色小吃也让我们不由得开始在心里打算着把这次出行云南的经费留出一部分作为最后购物资金。品尝着甜美的特色水果，等待着大部队的到来，我们安逸地度过了在春城的第一夜。

4月19号

一大早就听到了宾馆里有大部队同学的声音。想必他们也顺利抵达春城。放置好行李，各小组分别确认组员到齐情况之后，两位老师通知各组组长晚上在宾馆大堂开第二次会，大家各自解散活动了。

晚上开会之后，老师和导游小姐一起大致给我们说明了接下来我们已经拟订好的行程安排，并且再三强调了下乡期间的纪律要求以及整体对进度的控制，并且交代了第二日清早奔赴西双版纳的较早时间。大家纷纷尽快收拾好自己的行装，伴着春城醉人的夜色入睡了。

图5-2 我们所预订的宾馆很具有本地风格特色

图5-1 欢快的beginning

4月20号

春城的清晨是宁静的，好像这里的人们并没有把工作日的清晨过得十分忙碌。在我们开始背着行囊开始蹭车的时候，街边只有寥寥的几家店铺开始做起生意，这个城市的人们慵懒而享受着这样温存的生活。

在车上最后清点了人数之后，汽车终于发动了。伴随着导游的解说，我们又看了一眼这仅仅短暂相处了一天的春城，然后带着对西双版纳的无比向往，踏上了漫长的行程。

行驶在高速路上，看着翠色欲滴的山、树飞快地向后驶去，仿佛能让我们忘记旅途的疲劳。在中途下车休息的时候，我们放肆地呼吸着新鲜的空气，仰望这广阔的苍穹，对那遥远的西双版纳，更是无比憧憬。

在下午的路途上，看到道旁的橡胶树越来越多，风景也有了些许热带气息，我们距离西双版纳的首府景洪市越来越近了。当临近黄昏的时候，一条宽阔美丽的江闪现在我们面前——这就是澜沧江。伴随着夕阳直泻，江面波光点点。我们的巴士减缓了前行的速度，可以让我们有多点的时间看看窗外的西双版纳。特色的当地建筑，金灿灿的屋顶。慵懒地漫步在街上的西双版纳人，随处可见的水果摊，以及若有若无飘香到车内的版纳烧烤的香味，都让我们瞬间忘却了旅途的疲惫。当巴士停稳到我们在版纳下榻的宾馆前，我们终于踏上了这块梦寐以求的沃土。这个天神眷顾的地方，被赋予了任何地方都无法比拟的美景、气候，甚至是无法用金钱和物质去衡量的财富。就是在这里，孕育了一代又一代的版纳人，他们在这里世代繁衍，享受着大自然赋予他们的财富，也为了这块土地辛勤耕耘了一年又一年。导游带着以后将陪同我们在版纳全程的地导小杨给我们分配了房间，大家各自回房整理行装。干净又不繁复的宾馆处处都蕴涵着颇有当地风情的小滋味。站在窗边可以眺望到远处一个又一个尖顶，仿佛在给我们讲述这个地方一个又一个动人的故事。

图5-3

图5-5 在途中

图5-4

图5-6 曼飞龙塔近照

晚饭后，两位老师集齐各组组长开会，确定了第二天曼飞龙塔这个作业项目的具体分工：

第一组：张元沛、马丽娜、孔琳、江亮、刘建龙、黄庆嵩

负责曼飞龙塔需要测绘的所有区域的总平面图。

第二组：亢一超、孙毅、唐思、马思思、周丽雅、王金璐

与第一组合作完成总平面并增加植物配备，另外完成曼飞龙塔旁边的两座房屋的测绘工作。

第三组：孙沛、洪玮璐、胡旖玲、张尧

完成曼飞龙塔的两个佛龛的单体测绘工作，包括佛龛平面、立面，以及细部纹样。

第四组：其乐格尔、解潇潇、阎蓓蓓、田园

完成曼飞龙塔山门部分的测绘工作。

第五组：李惠、周亚华、张翰琳、吴秀美（韩）、谭沛

第六组：王晓汀、李娜、李雨芯、项晖、李溪、张栋栋

协作共同完成曼飞龙塔主体部分所有的测绘工作，包括曼飞龙塔单体平面、剖面、立面、细部纹样等。

第七组：石杨、莫亚鹏、高妍卓、龚晓婷

负责测绘整理白塔基座周围围栏的测绘工作。

所有组的工作由组长控制进度以及更进一步落实到个人的分工，并且在次日中午和晚上再次开会总结汇报。

组长会结束之后就是紧张的小组会议。谁也不知道明天我们要去的那个曼飞龙塔是个什么样子。所有人都一边收拾着明天测绘的工具一边默念自己分配到的任务。我们都知道，对于这样之前从没有人测绘过的建筑项目，小组之间和小组组员之间的协同合作都是至关重要的。在一切准备完毕之后，大家相继都早早睡了，以迎接明天艰苦奋斗的一天。

4月21号

一大清早，各个房间相继响起了叫早的电话声。导游小姐带着地导小杨一个一个地给我们打电话叫我们起床。长时间习惯"昼伏夜出"的我们一时间还没适应这早睡早起的作息时间，有些差点就又睡过去了。忙碌之间提好自己的东西，纷纷锁好房间屋门，在柜台寄存好贵重的物品，迅速地上了巴士。清点人数之后，迎着朝阳出发了。

和昆明的感觉不一样，西双版纳的空气里弥漫着一种香甜的气息。路上听地导说版纳这里物资丰富，在北方卖的非常贵的水果在版纳都很少人爱吃，有些人家甚至会拿木瓜这些水果去喂猪。我们一边听一边暗下决心，一定要在版纳的这些天大快朵颐，一享口福。巴士沿着公路盘旋而行，一副又一副绝美的风景画掠过我们眼前。那醉人的绿色，是我们当中一些久居北方的同学不曾见过的。不像我们想象的层层叠叠，却也让我们大开眼界。大自然造物的能力远胜于我们的想象，掩映的绿树和湛蓝的天空交相辉映，点缀着路旁是不是经过的傣家寨子，这比我们泼洒在画布上的颜色更加让人心驰神往。

到达曼飞龙塔的时候，已经是上午十点左右。这座隐藏在飞龙寨后山的被傣家人称作"塔糯"的砖石群塔，从山脚下看上去，显得格外神秘。

大家陆续沿着长长的石阶向上攀爬，穿过山门，终于将曼飞龙塔尽收眼底。塔基为一圆形的须弥座，塔基上面建有由大小9座塔组成的塔群。8座小塔围绕着中间的一座主塔，层层浮雕，每座小塔塔座都有佛龛。刹杆上装置着上下串联的华盖和风铃，微风拂来，叮当作响，悠远肃穆。

各组分别再次确认自己的任务书之后，各自行动了。

图5-7 登高望远

第一组——曼飞龙总平面

由张元沛率领的第一组要完成的是曼飞龙的总平面。整个测绘范围虽然尺度不大，但是相对我们以前做过的测绘项目来讲已经不小了。在前一晚小组会的时候，经过大家协商最后决定了尺度大的范围以步测为主，过程中用局部卷尺测量来校准。尺度小的部分以卷尺测量。由马丽娜记录计算初步数据。

"我们就是组内分了两组，然后从两边分头开始测数据，都到马组那去汇报。数据都在她那里汇总，她再粗略初算。"测量总平面的工作烦琐而工作量大，这无疑给这个六人组带来了不小的压力。"这么大，也没法从中间到两边发散着测，我们就两小组都在一起，从整个园子一边测到另外一边，这样弄得还比较清楚。"实干的六个人，地毯式的从主塔这一侧像园子的深处层层推进，以至于大家中途休息的时候不仔细留意都发现不了她们的身影。有趣的是由于曼飞龙塔在山顶，我们发现塔边供朝拜者饮用的水也是这个园子里的其他小生灵的饮用水。这组人很有意思地选择了轮流下山买水的形式，坚持到这第一天工作的结束。

图5-8 今天的太阳光很充足

图5-9 遥远的那边在热烈讨论

下山的时候被问到测绘的情况，说到各组遭遇的具体问题，这组的6个人都一边揉着脖子和腰一边异口同声地说："哎呀累死了，这什么园子都不规则的，测着测着就乱了，弄到下午开始定点来标位置，才清楚点。"

从上午十点到下午四点，这组人整理了满满两篇数据和草图。接下来就要用晚上的时间来把草图整理到图面的工作，让这张大家都颇为关注和重视的总平面图有个雏形。

第二组——辅助总平以及植物配备

这是一个和第一组完全不一样的一个组合。同样是六人组，这却是一个十足的娘子军。俗语说"三个女人一台戏"，那六个女人就是相当热闹的一个组合了。在亢一超率领的这第二组里，永远不乏欢笑和乐事。难得的是，她们在大家尽兴之余，也能够按时高效地完成任务。

"我们组就是两拨儿分开，测房子是3个人一个，1个人测屋顶2个人测平面。然后植物也是两拨儿分开，一组定位置，另外一组跟着导游问植物的名字。反正她也知道得比较全嘛。"在中午吃饭的时候，亢一超很兴奋地跟大家讲述道。

"人多好干事儿嘛。反正只要不乱，我们效率还是可以的。"

几个姑娘累了就坐在树下休息一阵，休息好了就继续努力奋斗。在最后收工之际，也是圈圈点点画了一整本。回程上显然姑娘们都累了，相互依靠着睡得很香。

第三组——双佛龛

曼飞龙塔两侧各有一个精致的小佛龛。测绘这个佛龛的任务就落在第三组的任务书上。两个佛龛风格统一，只是建筑形式稍有差别，这也是因为它们的作用不一样。无论从装饰纹样还是建筑立面的尺寸和模数都有规律可循，恐怕困难一些的就是如何控制好这两个小单体的整个比例关系的问题。为了能清楚地了解两座佛龛的比例关系，第三组在解散之前就定下了计划——"我们分两组，两个女生一组，我和尧总一组。测之前先找最远的直线距离拍照并且估测大比例关系，这样的话透视变化最小，比例也最准确。"

为了拍摄靠近入口的佛龛，比较轻盈娇小的小胡同志居然站上了只有十几厘米宽的围栏，另一边就是下山的陡坡，这让全组人乃至两个老师都捏了一把汗。所幸效果很好，两个佛龛都拍到了很清晰的小透视的照片，这为之后测量乃至估测我们到达不了的位置的后续工作打下了良好的基础。"我们在能接触到可以实际去测量的部分都进行卷尺测量，然后画草图标注在图面上。至于顶部我们无法攀登的地方，还是有赖于依照小透视的照片去估计并且猜测，最后落实到图面上。"大洪和小胡一边指着她们画在本子上的草图一边说道，"至于图样部分，我们也采取用草图来描简图，那些很具体比较复杂的纹样就用相机拍下来，拍的时候带着旁边的那些栅格拍，那些尺寸是经过测量过的准确值，最后用软件处理就行啦。"

比较仔细的前期描绘和拍摄工作，为这一组在后面出图的过程中提供了大量的衡量标准以及参考资料，这大大地提高了他们的速度。

第四组——山门

山门在我们上午上山的时候让我们眼前一亮的标志构筑物。这既证明了我们"漫长"的跋涉终于结束了，也标志着我们艰苦卓绝的奋斗即将开始。

测绘山门的工作由第四组完成。在测量工作进行中，时不时吹来的山风让她们心情舒畅，时隐时现的阳光也省去了日晒的烦恼。

"我们组思路很清晰啊，先测量平面嘛，然后向上延展，记录立面的数据啊，最后看看其乐能不能爬上去记一下上面结构的尺寸。它这个都是有模数的

嘛，知道一个单元了剩下的就翻转或者镜像不就能得到了。"组长潇潇放下了本子，认真地说："我们好像都应该能够得到，够不到的地方还有测距仪嘛，应该不会有问题的。"

其实也并没有她们说得那么轻松。山门两侧也一样都是下山的陡坡。4个女孩子在一起，互相照顾着也一样有时候让人悬心。好在最后都带着数据顺利返回，完成了这一天的工作。

图5-10 山门前视

图5-11 速写记录数据

第五组　第六组

刚开始确定分组任务的时候，我们其实是有些不明白为什么这样一个单体白塔需要有阵容庞大的两个组来完成。

直到我们各自的工作开始深入进行的时候，不只是真正参与白塔单体测绘的同学，我们每一个人都感受到了这古老佛教建筑的深远和含蓄的细微变化表现出来的神奇。

"我们一开始都想简单了。"李蕙作为组长，在下山的时候，指着身后的白塔和其他组组长说道，"这个塔真不是咱们看到的那么规矩。"

原来，这通力合作的两个组的前半段工作进行得很"顺利"，大家的思考模式也都很一致，都先入为主地认为这是一个"六个小塔围绕一个中间的大塔"，很规范很有代表性的一个形式。于是便很想当然的分为两部分——一组专攻中间大塔，另外一组测一个小塔，由此推论出其他小塔的数据，再测量三层塔基的周长来得到塔基的半径数据。

但是看似顺利的局势在午饭之后两位老师到各组去看阶段成果的时候出现了波折。两个老师在思考片刻便犀利地指出两组同学已经完成的部分中出现的重大的漏洞——围绕着主塔的六座小塔看似一模一样，其实无论从尺寸，还是细微的花纹样式，还是每个小塔的佛龛形式，都有着容易被忽略的不同——它们各不相同，但是同学们却武断地给他处理成一样的了。先入为主的想当然，让我们忽视了去本质的观察，去对比，去发现佛教建筑最本源的特征以及个体差异。

也许对已经进行了将近一半工作的同学们，从头开始测绘的现实很残酷——哈哈，但是本着最大化还原我们这次测绘目标建筑的原则，尽管不甘和不忍，这两组同学还是清除之前的全部数据，重新开始。

"我们只能爬上去了。"第六组组长王晓汀用手遮住炙晒的阳光，和同组的几个男生这么说道。这个塔的确不低了，真是想深入去了解这六个小塔和主塔的关系以及各自的特点，除了爬上去，大家左思右想实在是没有什么别的办法了。

虽然还是心中忐忑，爬上傣家人十分尊崇的曼飞龙白塔多少还是有些不妥。事到如此只能一切从速了。几个男生一跃跳上了塔基，一边紧张地用测量工具测数据，一边和塔基下记录数据的同组同学报数据。

接近黄昏时，工作还在继续，但是显然已经有了眉目。太阳已经不似午后那样灼热，愈发温和起来。时不时清风拂过，撩动塔顶的风铎，叮当作响，有如来自天际的声音。

虽然下山的时候还是没有完成，但是找到路子的这两组，显得轻松起来。他们和第一组将再次攀上山顶，在这里完成曼飞龙塔所有的测绘工作。

图5-12 我很高

图5-13 塔的另一边很高很高的佛像

再一次经过数小时的车程，疲倦的我们返回了景洪市。但是让我们格外兴奋的是我们的巴士开进景洪的时候正好赶上日落的最后一抹金色余晖洒落在澜沧江上，波光点点，醉人心弦。

大家陆续跳下车来，三三两两地回了各自的房间。一边走着一边说着今天的收获和感受。洗过舒服的热水澡，换好衣服之后，我们开始真正去欣赏西双版纳的晚上。

不大的景洪城在太阳的光辉完全消散之后，笼罩在一片朦胧的光晕中，弥散着烧烤和热带水果甜甜的香味。有趣的是，大家竟在走走停停中相见于西双版纳的夜市。一个挨一个的地摊儿，一站又一站的地灯，点点光亮连成一条亮丽的购物街。光怪陆离，数不胜数，穷尽我们所知的形容词也不足以道出我们初到夜市一条街的感受。我们在浓郁的西双版纳风情中完全沉醉了。

4月22号

这是我们正式开始工作的第二天。意料之中的，在一阵阵仓促的叫早的电话铃声中，我们从香甜的睡梦中清醒过来。

按照前一晚和老师以及导游小姐最后确定的行程，第一组同第五、六组的同学，由导游小姐带领再次奔赴曼飞龙白塔，完成其余所有的曼飞龙测绘工作。而其余的同学则在地导的带领下，奔赴我们预订计划的第二站——西双版纳首府景洪市很著名的一座佛教建筑——佛牙寺。

西双版纳傣家人信奉的是小乘佛教，现在也叫上座部佛教。小乘佛教提倡出家修行，西双版纳傣族男子过去从儿童时代起，必须要过一段脱离家庭的寺院生活。他们认为只有当过和尚的人才是有教养有学问的人，才会受到社会的尊重。没当过和尚的人被称为"岩百"、"岩令"，即没有知识、不开化的愚人。而我们锁定的关注目标——佛牙寺，就静静地伫立在景洪曼听公园正门旁，掩映在层层叠叠的芭蕉叶里，恢弘壮丽，颜色鲜艳，层次繁复。

不知道该用什么样的言辞来形容佛牙寺给我们的感觉。在太阳的光芒下，我们甚至可以说他金碧辉煌。但是它的深沉和低调，就正像是一个智者，沉默不语地看着脚下芸芸众生一样，那是崇高，更是庄严。

图5-14 归途时睡得甜甜

图5-15 佛牙寺近照

图5-16 佛牙寺正门

大家顾不得好好欣赏这座佛寺的美好，也顾不得领略着佛寺给我们带来的震撼，都很快开始投入到新工作中。

第一组：张元沛、马丽娜、孔琳、江亮、刘建龙、黄庆嵩

测绘佛牙寺周边立面的装饰纹样。

第二组：亢一超、孙毅、唐思、马思思、周丽雅、王金璐

测绘佛牙寺平面图，以及绘制佛牙寺内饰装饰纹样。

第三组：孙沛、洪玮璐、胡旖玲、张尧

测绘大殿的主体结构部分，并且完成一个Sketch up模型。

第四组：其乐格尔、解潇潇、阎蓓蓓、田园

大殿主体外面的雨棚测绘工作。

第五、六组的部分同学从曼飞龙白塔工作中撤出，到佛牙寺来和第七组一起进行屋顶平面以及十二生肖拱门的绘制工作。

打突袭战

确切地说，第一组是在这一天的下午，才真正开始佛牙寺的工作的。上午他们奔赴了曼飞龙继续昨天的工作，下午却空降般地出现在佛牙寺的工作现场——这让我们不得不佩服这组精英的工作效率。

佛牙寺周边装饰纹样的绘制——看似简单，却相当繁复。作为小乘佛教寺庙的经典之作，佛牙寺在每一个纹样每一个细节的处理，都让人不得不佩服工匠的设计制作之巧妙。即便是看似一样的纹样，在它们的排列或是尺寸或是比例上，都有着细微的差别。而且，既然是装饰纹样的绘制，就牵扯到了佛牙寺的整个立面。相当于这组的工作是立面+装饰纹样。

也许是完成了曼飞龙总平面图的缘故，几个人看上去都很高兴。显然上午的舟车劳顿没有打消他们下午这个工作的积极性。组长干脆地分好了四个立面的分工，然后分头行动。

此外，通过曼飞龙的测绘更让他们知道这种多组合作的工作非常需要各组同学的互相核对和

图5-17 拍摄的装饰花纹

图5-18 开工中······

沟通。在测量完大体量的长宽数据之后，马上与平面组和屋顶平面组一起核对，来确定各组数据能够互相衔接上。

而提到如何在软件里精确还原装饰纹样的这个问题，组长显得格外不好意思起来。"这个，因为这部分面积很大嘛，大殿的四个立面的面积，是比较大的了，要是都很精确地做呢，肯定做不完的，时间太短了。所以我们呢，就找单元元素，然后给他拍下来，放到CAD底图上描，这样在大尺寸上衔接得上的前提下，这个小单元元素我们只要数个数，然后在CAD里阵列就行

及大殿柱子的位置确定起到很重要的作用。

不过事情总不是像我们所期待的一样顺利。在如何测绘室内纹饰的问题上，几个女孩子始终不能达成共识。究竟是用局部的准确数据和图样去推测整图案，还是顶下几个关键点作为参照然后根据透视接近0的数码照片来绘制纹样——经过再三商讨，娘子军们今天还是决定倾向于第二种方法。毕竟这种方法更快捷、有效，出来的效果也比较好。

"反正做完了可以去给别的组帮忙嘛。我们这个是平面，还要和屋顶平面雨棚啊什么的最后

图5-19 偷偷拍的大殿内部

图5-20 两位老师在大殿外面进行指导

了，嘿嘿，有点偷懒哈哈不好意思。"

快到晚饭的时候，他们的图面已经体现出大半了。不得不说，这组是七个小组当中效率最高的了。

打速度战

亢一超率领的这组娘子军还是快乐地工作着。不过受到大殿肃穆的气氛感染，几个姑娘说笑得收敛了很多。测绘建筑平面对她们来讲已经是驾轻就熟了。大殿地板是整齐的石板砖，利用数砖的方法得到了较准确的平面，并且一开始采用这样的办法，巧妙地在这个大殿平面上做了一个有单个单位的坐标系，对之后佛龛、佛台，以

都要去对上的。就是不能互相等嘛，等来等去最后就是会比较耽误时间啦。抓紧时间做啊，做完了出现问题还有充足的时间可以改啊。"

论持久战

不得不提的是孙沛这组的任务。佛牙寺是景洪市最大的佛寺建筑之一。它的体量浑厚，结构精确而粗犷，让我们不得不佩服前人能将这座寺庙如此准确的建造起来是一件多么不易而神奇的事情。更有意思的是，在这天我们在佛牙寺测绘的时候，遇到了3个当地的工匠在等寺庙的住持。三言两语的攀谈竟让我们得知，他们3个竟然是当年参与建造这座佛寺的工匠。

"那三个人太牛了！"孙沛掩饰不住兴奋地和我们讲道："他们太厉害了。聊天的时候他们就说你们测什么测啊，我们直接告诉你们不就完了嘛！他们一口咬定到咱们这个佛寺最顶上的那根横梁底面是11米，说我们不信还可以去量！他们说得特别特别肯定，我们原来还真不信来着，就拿激光测距仪去测啊。测的时候还不好测，它这个顶上是几层横梁，测最上面的那根要稍稍歪一个角度才可以，蹲在地上仰头去看那个寺庙顶，一会就晕了。反复试了很多次，真的都在11米左右，误差居然都不超过1厘米。太牛了！"

图5-23 偷偷拍的大殿内部

图5-21 雨棚侧面部分

图5-22 雨棚透视角度照片

图5-24 从里面看殿顶只会越看越晕

图5-25 雨棚正面照片

的确，在这组刚开始着手去观察寺庙结构，思路还没有理清楚的时候，那三个工匠大叔的确给他们提供了非常宝贵的意见，使得他们能够用很少的时间大致明白这个寺庙的结构体系是什么样子。然后可以更轻松地把测量的数据和结构关系关联起来。这是需要一步一步理顺的关系。

图5-26 雨棚透视角度照片

思路逐渐开始清晰，而大殿的结构形式也逐渐清楚起来。几个组员在本子上画着草图，互相商量着以求最后确定下来一个正确的结论。当草图完成之后，便分两头行动——一边动用手头工具本着能实测就实测的原则来测量各部分结构构件的尺寸，而另一边则开始在软件里架构电子模型了。

"我们心里也没底，最后要用多长时间才能做完。所以这样分工的话，也许进度会快点，随时侧随时做，如果测的数据与实际有差距的话，模型就看着别扭，那也就能随时发现然后随时更改。大家都在一起这样效率也高。"

午饭的时候，他们还开玩笑说应该留下那几个工匠的电话，好好问问他们建这座庙的故事。听他们说他们都是师傅带徒弟，手口相传的。他们一辈辈的人都从来没有图纸。这让我们所有人感到惊讶。那么我们这次佛牙寺之行，将是第一次把这座寺庙，或者说，将以佛牙寺为代表的这种结构形式的寺庙体现在图纸上。这甚至让我们更多了几分干劲和自豪感。

"哈哈，这个我们能做好。"孙沛最后这么说道。

打包围战

不知道是不是凑巧。潇潇这次带着组员接的任务又是负责建筑的最外面的部分——佛牙寺的雨棚部分。

"我觉得我们的工作相对简单一些吧。它这个雨棚虽然有3个，但是左右两个是对称的，其实只要测绘两个。"这组同学观察发现，雨棚在结构上是和大殿没有联系的。但是从建筑风格、结构特点甚至装饰纹样都和大殿有非常紧密的联系。

"我们就从雨棚最外面的结构部分开始着手，先画一个简单的透视草图，然后给构建编号，再给编好号的结构标示在草

图5-

图5-28 在我们身边玩得很HIGH的傣家小朋友

图的雨棚平面、立面上，最后再标上测量出来的数据，这样看起来更清楚，最后和别的组一起对数据的时候也能说得明白啊。一边测量构建数据，一边着手落实在草图上，一边和平面组，屋顶组来核对，这样的话，衔接起来就不会有什么问题了。"

打游击战

"哈哈，我们真的就跟打游击战一样。"从第五、六组抽调出来的同学这么笑着说，"哪里需要我们我们就往哪里冲，呵呵。"

这3组人临时编制的队伍，一开始居然有些步伐混乱。

"可能是之前没合作过吧，然后就有点乱，大家都经常记不住谁做了什么，什么东西要向谁要。做着做着就乱了。后来我们就每个人都抄了一个分工表，这样大家都清楚了，后来就再也没乱过。"

但是即使克服了这个问题，这临时的军团，却面临着非常非常大的挑战。

"我们都无奈了，"第七组组长李蕙一边拍着脑袋一边说，"真的，这个大殿太高了。孙沛他们刚才说最下面的那个大梁都要有十一米高，我们要测绘屋顶平面，这太难了，我们不可能爬上去啊！"

于是，整个上午，这队人都在纠结和愁苦中度过。大家都纠结地仰着头在大殿里打转转。

李蕙跑去看亢一超组的草图和数据，毕竟屋顶平面和大殿平面关系最紧密。也许是得到了亢一超她们绘制平面的启发，李蕙也和组员们一起用类似的方法开始着手尝试了，于是渐渐有了头绪——与平面组方法相似，她们以柱点位置为基准，来建立一个坐标系，以其为参照来确定屋顶构建的位置。屋顶其他构件数据同时参照孙沛组的测量结果以及张元沛组的测量结果，以求得各组数据衔接没有问题。说来简单，可是操作起来并不容易。这座寺庙的屋顶层层叠叠，让这组的姑娘们好不头疼。好在最后终于能理清头绪，在两个老师的帮助和建议下，在这一天工作结束

图5-29 很高很高的屋顶

图5-30 爬高才拍到的照片

之前，大体也出了个模样。

在这一天当中，陆陆续续有来参拜礼佛的傣家人，对我们这样在大殿里指手画脚的汉族学生，他们既好奇，又多少会有些不高兴。所有在大殿里操作的同学，都尽量压低了声音，以表我们并无冒犯之意。赶在傣家人晚课之前，大家收拾好自己的东西，告别了这座佛寺。佛龛里的佛像，这样注视了我们一天，也相信他能理解我们做这件事情的用意和意义，眼角仿似流露出慈祥和蔼的笑意。

这天傍晚，景洪的上空笼罩着火一样的晚霞，让我们不由得又想起了前一天夕阳下澜沧江风姿绰约的美景。西双版纳的美丽富饶开始让我们深深着迷了。

晚饭之后依然是各小组自己行动，大家兴奋地去品尝街边的傣家烧烤，或者满足地喝着在北方难得能品尝到的甜美甘醇的椰子汁。我们甚至有这样的冲动——不仅是景洪，我们想走遍整个西双版纳，去好好地看一看，然后永远记住这个梦一样美的地方。

图5-31 夕照下的佛牙寺

图5-32 赶工不影响心情

在短暂的饭后的放松，大家都赶紧回到了宾馆，做睡前的图纸整理。在只睡两个人的标间里挤下满满一组人，是一件相当有意思的事情。两个老师在各个房间里串来串去，看大家的进度和现有成果，时不时问问大家这几天工作的感受。虽然各种进度不一，但是并不影响继续安排后面的工作。截止到这一天晚上，突击空降佛牙寺的张元沛组以及速战速决的亢一超组完成当天额定任务被安排第二天到佛牙寺旁边的曼听公园里的另一座著名佛寺——总佛寺来进行另一项测绘工作。而其他的同学则继续在第二天上午结束佛牙寺的所有工作。

连着两天的快节奏的测绘工作，也的确让他更加感到疲惫。不到十一点，大家都沉浸在香甜的睡梦中了。

图5-33 坐久了需要运动

4月23号

貌似这一天的叫早最让大家痛苦。但是一声比一声急促的电话铃声提醒着我们还有工作等我们去完成。很有趣的一个情景是，早起的组员眯着刚睁开没多久的眼睛起身去叫隔壁房间的同组同学。电话铃声，楼道里的拍门声，此起彼伏，不绝于耳。

早饭过后，大家沿着景洪安静的早上的街道，三三两两地步行至曼听公园，然后兵分两路，开始这一天的工作了。去佛牙寺的同学有了前一天的经验，显得驾轻就熟起来。

被分到曼听公园的两组分别接手了测绘总佛寺山门的山墙和绘制总佛寺非常漂亮的十二生肖花窗的任务。

图5-34 总佛寺十二生肖花窗

图5-35 曼听公园大门

一行十几人在钟老师的带领下走进了总佛寺。适逢不巧的是正赶上这座西双版纳自治区最著名的一座佛寺的大事修葺。在这座寺院很多的立面上都覆盖了脚手架。这座1000多平方米的寺庙，被目前该地区的佛教信徒尊为佛寺之首，香客不觉，香火鼎盛。

不过对于我们的测绘工作来说，最大的困难就在于，这座香火鼎盛的寺庙，其管理远远严于曼听公园之外的佛牙寺。

"吓死我们了。"午饭的时候，张元沛还惊魂未定地这么跟我们说着："那些和尚管得很严的，还不让女的进。它那个山门很复杂很漂亮的，我们不爬上去根本看不见，更别说去量了，然后，我们就爬上去了，结果没五分钟就被发现了，然后我们就跑出来了。"当被问到最后怎么操作的，张元沛无奈地摇摇头，"测啥啊，我们就冲过去，然后量了下地下的长度、基台的高度，然后爬上去，从我们能够得到的地方向下面垂尺子，接着在远点的地方拍照片，拍得尽量透视小些，最后我们爬上去的两个男生拿着相机一通狂拍，然后就被撵出来了……"

更夸张的是超超率领的娘子军们，在大殿外侧转着圈子格外惹人关注，趁着大殿内的和尚们转身的工夫，超超一个箭步冲过去，掏出尺子测了个窗宽和框高这两个基本尺寸，然后其余的几个女孩子都拿出相机刷刷一阵狂拍，最后在师傅们的恼火的责备中逃之夭夭。躲在很远的地方，几个女孩子向殿里面张望，然后审核拍好的照片的质

图5-36 总佛寺山门

图5-37 修葺当中的总佛寺临时佛堂

图5-38 寺内雕龙式样

图5-39 手脚要快

图5-40 层叠华美的屋顶

图5-41 临时佛堂顶部装饰纹样

量。不行的话就要重拍。索性质量都还很好，能够完成这次的工作。在离去之前，大家都假装游客，在大殿外"经过"，盯着那些窗子使劲看，以图有个深刻的印象。

还在佛牙寺的那些同学，也陆陆续续地结束了手头的工作，等待中午集合，解散后饱餐一顿了。仿佛回想起来自己像是做了个梦。明明前几天还在北京，现在却身处西双版纳，而且完成了这么多看似困难的任务。这让大家不仅仅对已经过去的几天感到欣喜和安慰，更对之后几天的行程倍加期待起来。

在中午解散之前杨老师最后又强调了一遍，下午一点半在曼听公园门口集合——这也就是说，我们前半段实际测绘的工作就此圆满结束了，而之后的几天我们将迎来在西双版纳游历学习的日子。

读万卷书，行万里路，从北京到西双版纳不远万里，在这片神秘富饶的土地上，还会有什么新鲜的见闻和期待，使得我们有不可言喻的激动。

下午集合的时候，我们可爱的地导换上了傣族人家的民族服装。虽然她讲她不是傣族人，但是我们却都认为是，她把傣家姑娘的善良和聪慧体现无余。景洪市的街道两侧已经到处挺拔着芭蕉树和橡胶树了。但是让我们瞠目结舌的事情就在我们进入到曼听公园的时候发生了。

不知道该怎么形容这种感觉——就仿佛进入到另一个国度。好像是一个富饶神秘的国度，像是印度，或者是泰国，总之我们能从眼前的风景中体会到热情以及这里的万物对生活的向往。

荡漾的河水，醉人的风景，热情神秘的气息，我们贪婪而又满足地在这片天空下尽情呼吸。忘却了几日的劳累，我们终于全身心地扑到了西双版纳的怀抱中。我们站在曼听公园里曼飞龙塔的复制塔的下面合影，拉着地导让她讲当年在这里拍西游记的趣事，我们一起在河上泛舟，组队比赛，玩得全身湿透，然后狼狈却痛快地躺在一起、闹在一起、笑在一起，我们拉着两个老师一起耍宝，一起合影，一起在这里留下我们毕业前最后一次下乡的美好记忆。

图5-42 低调行事 打一枪换一个地方

图5-43 对水战的始作俑者进行公投制裁

图5-44 壮烈的水战

图5-45 像热带雨林一样的风景

图5-46 曼飞龙塔的仿制品

图5-47 环艺专业大团结万岁

图5-48 全民族大统一的泼水祝福

4月24日—4月25日

不得不说，这两天是堪比前几天测绘时的忙碌。但是忙碌的我们却异常兴奋。

2天，我们奔走了西双版纳几个县里4个最有名的景点——野象谷、民族园、野生植物园、傣园。我们尽享了版纳的风情，也深深地体会到了，西双版纳的魅力以及生活在这片土地上的人们的善良和质朴。

傣族小伙子腼腆的微笑，傣家老妈妈亲手编的花环，姑娘们纤细柔软的腰肢，轻巧美丽的舞步都让我们越来越迷恋西双版纳这个地方。我们肆意的品尝着版纳甘甜的空气，用心去看，去牢牢记住我们看到的每一幅图景，我们感受的每一次震撼。

这一天的叫早让我们的感情变得很复杂——一方面，我们要返回昆明，告别西双版纳，告别这个富饶神秘的美丽地方，我们不舍，我们留恋，我们还想再多看一眼，多看一眼，再多看一眼……而另一方面，返回昆明，也将意味着我们即将返回北京，返回可爱的学校，结束这次下乡，也是我们毕业之前最后一次下乡，结束我们朝夕相处团队合作的这段日子。

总之各种感情交杂起来，让我们不知道是高兴好还是伤感好。很多女孩子在叫早之前就已经起来了，收拾自己的大小行李，这些天在版纳，大家都没少买东西，所有人的行李都鼓囊囊的。坐在返回昆明的大巴里，远望着朝阳下的澜沧江离我们越来越远，我们知道，西双版纳之行，已经结束了。

没有了从昆明去版纳时的兴奋，大家都静静地坐在自己的位置上，有的在翻看照片，有的已经沉沉睡去。不过让我们很欣慰的是，返程路线和来时稍有区别，我们会在中午途经普洱，也就是云南生产普

图5-49 要飞得更高

图5-50 其实腿在抖

图5-51 正在纺线的傣族老妈妈

洱茶的最有名的地方。午饭作罢，蹬车之前，我们已经装满了各种东西的包裹又添了好多茶饼、茶砖、茶沱。

抵达春城的时候，已经临近黄昏了。大家拖着行李各自回了自己的房间，各自做着和这里最后告别的准备。晚饭后，最后一次

图5-52 在普洱城茶店老板的热情招待下我们纷纷坐下来品尝这云南一绝

图5-53 又一张珍贵的全家福

开集体会议，两位老师又一次强调了一遍我们在云南最后一两天一定要注意的事项，以及我们返校之后马上要展开的图纸整理的工作，明确了各组任务和各组责任之后，大家解散，各组活动。

春城的夜晚是柔和的，更是充满了甜美清爽的气息。我们扶着宾馆外天桥的栏杆，任凭一阵阵清风拂过我们的面颊。快乐难忘的日子总是短暂的，这些天大家日出而作日落而息，朝夕相对，让我们这个不大的环艺系，显得格外团结起来。

不得不说，"下乡"这种实践型的课外教学，真的让我们在校的学生受益匪浅。不仅仅是那课堂上的教学是不够的，更重要的是，我们从这个过程中，知道了什么是团队的力量，也晓得了这一类问题实际操作起来需要一个什么样的方法和节奏，而且在这个过程中，我们开阔了眼界和胸襟，增长能力见识，我们知道原来天地真的很大很大，而我们的心有多大，世界就有多大。

4月27日—4月28日

我们分别在这两天，乘坐4班从成都飞往北京的航班，平安抵达首都机场。

下乡结束了。

新的一天，即将开始。

图5-54 最后再看一眼美丽的春城

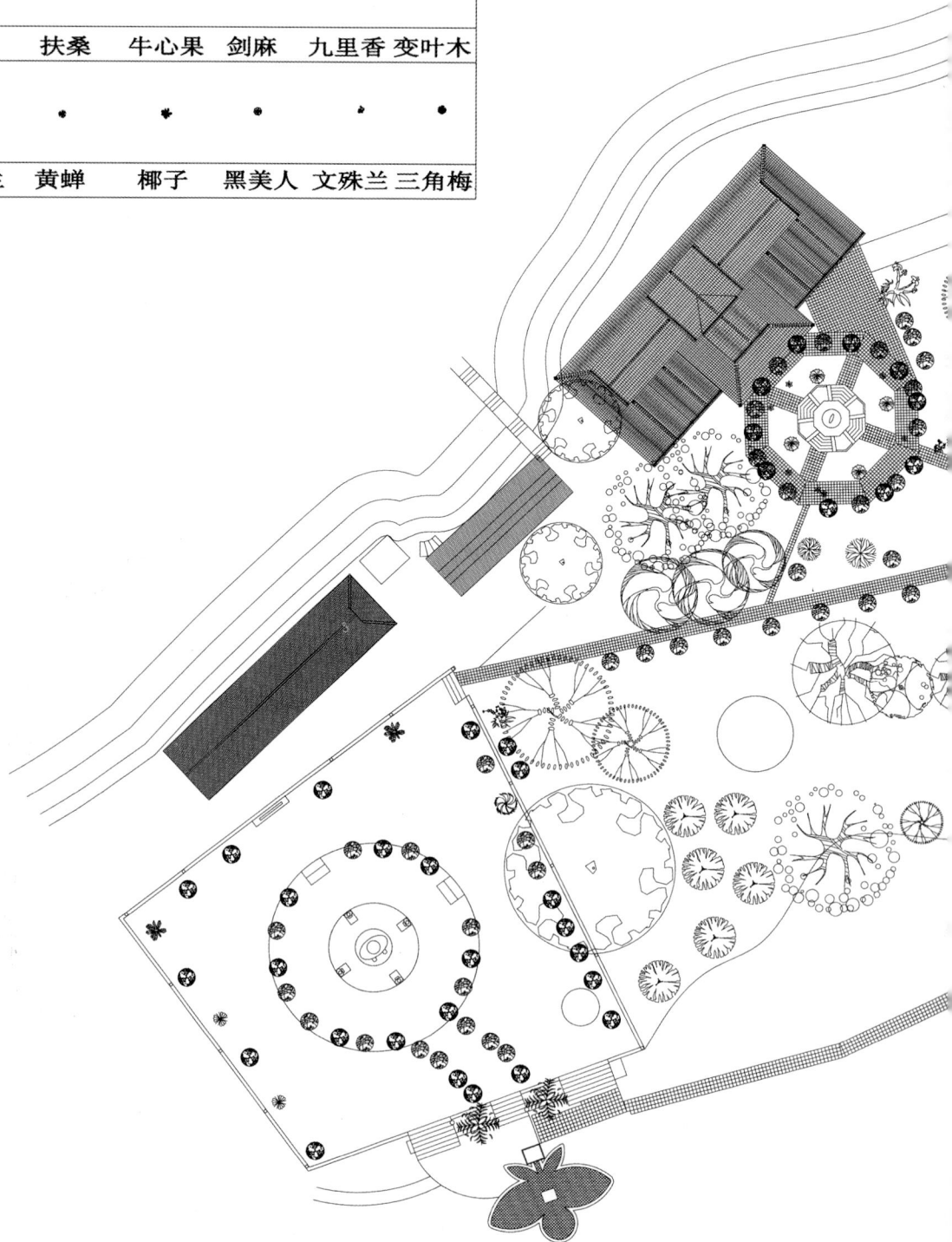						
菠萝蜜	菩提	橡皮树	鸡蛋花	榕树	雨树	荔枝
黑心木	杉树	扶桑	牛心果	剑麻	九里香	变叶木
蝎尾兰	蜘蛛兰	黄蝉	椰子	黑美人	文殊兰	三角梅

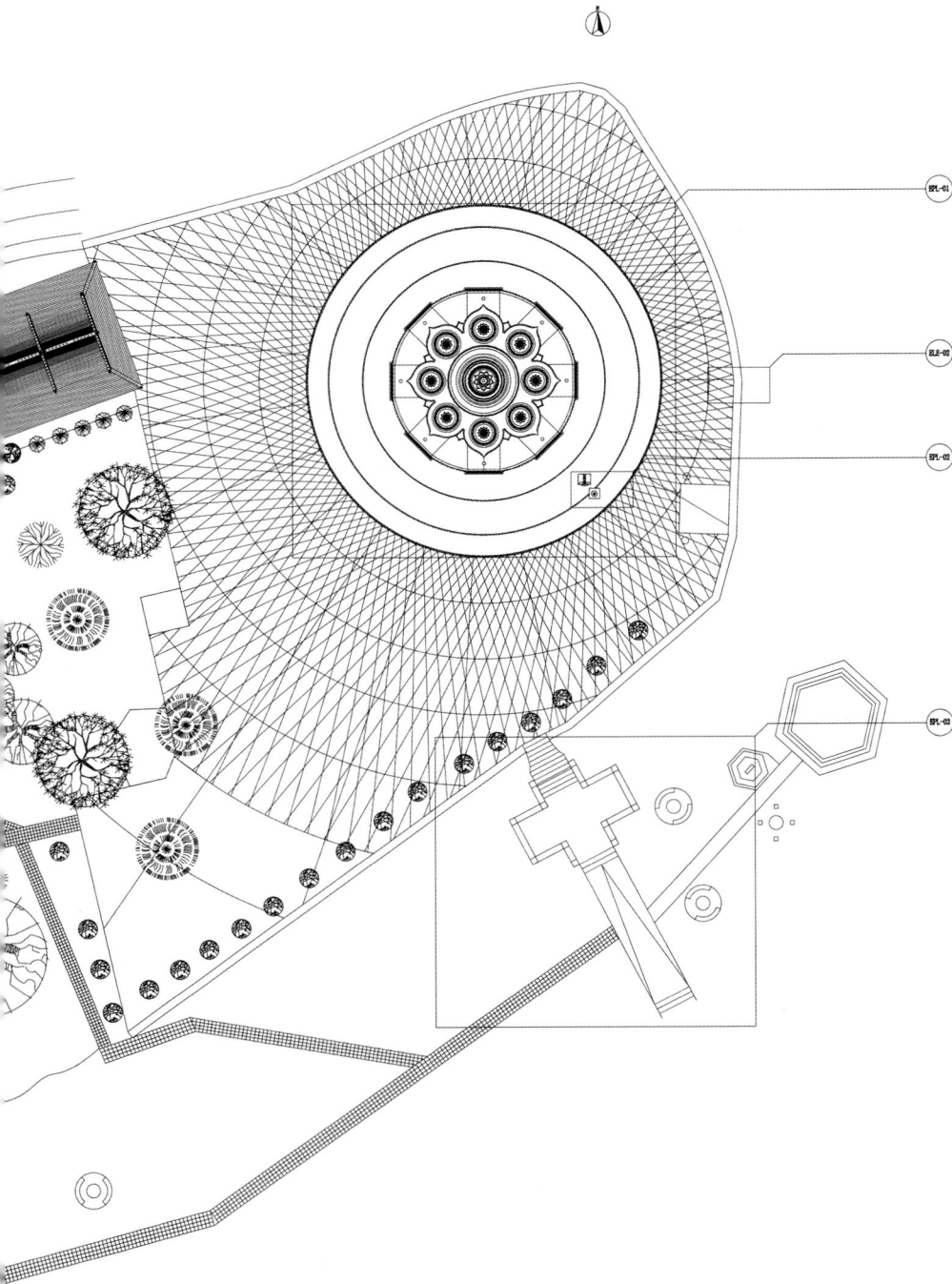

中央美术学院建筑学院环艺系测绘成果附录
云南西双版纳曼飞龙白塔测绘

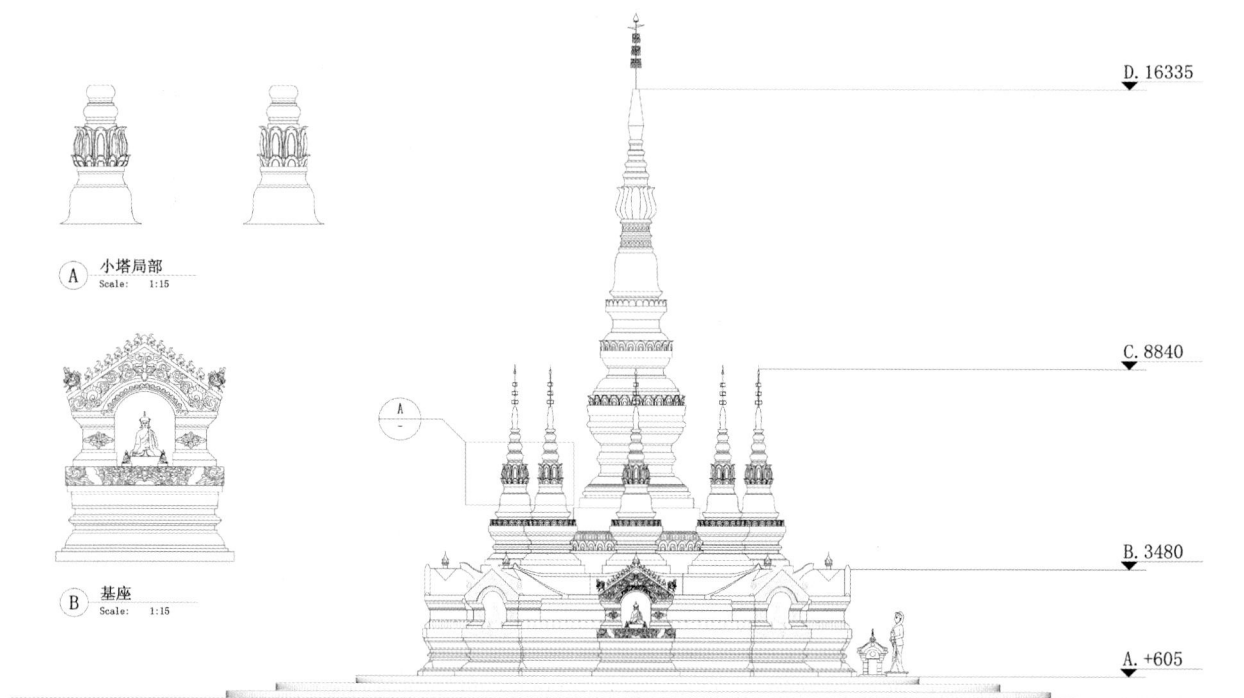

D. 16335

C. 8840

B. 3480

A. +605

Ⓐ 小塔局部
Scale: 1:15

Ⓑ 基座
Scale: 1:15

曼飞龙白塔立面图

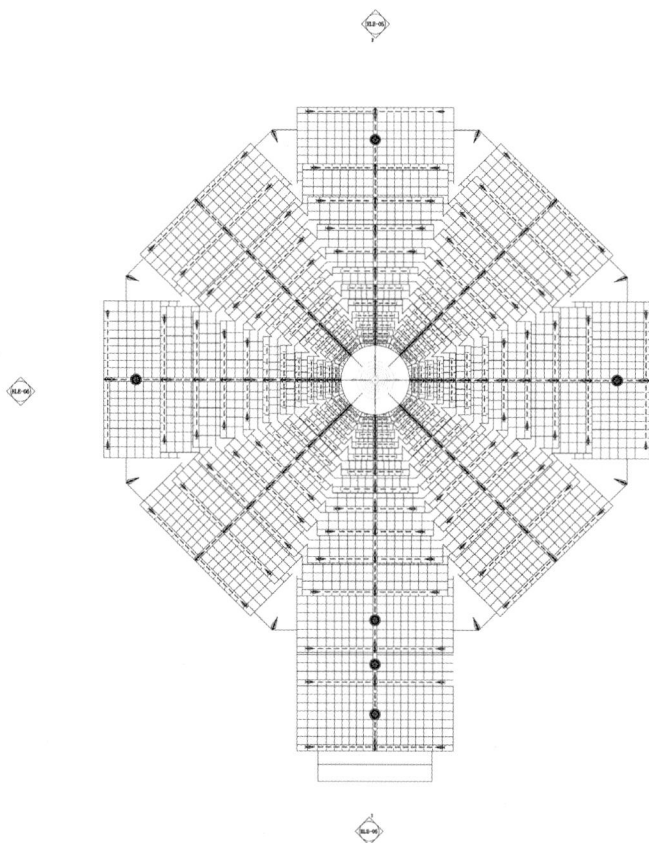

① 平面图
Scale: 1:50

曼听佛牙寺八角塔屋顶平面

曼听佛牙寺八角塔屋顶立面

中央美术学院建筑学院环艺系测绘成果附录
云南西双版纳曼飞龙白塔测绘

佛牙寺大殿内立面图

局部装饰1: 15

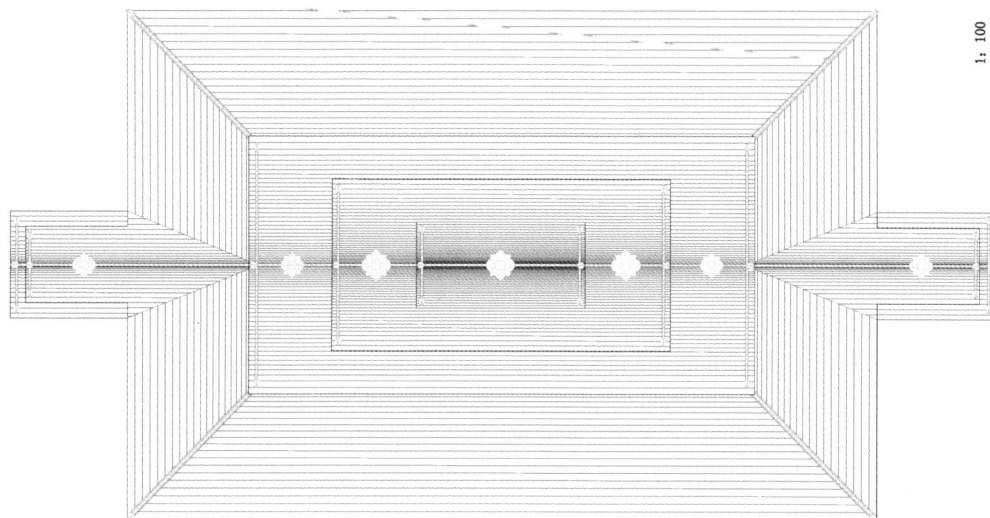

1: 100

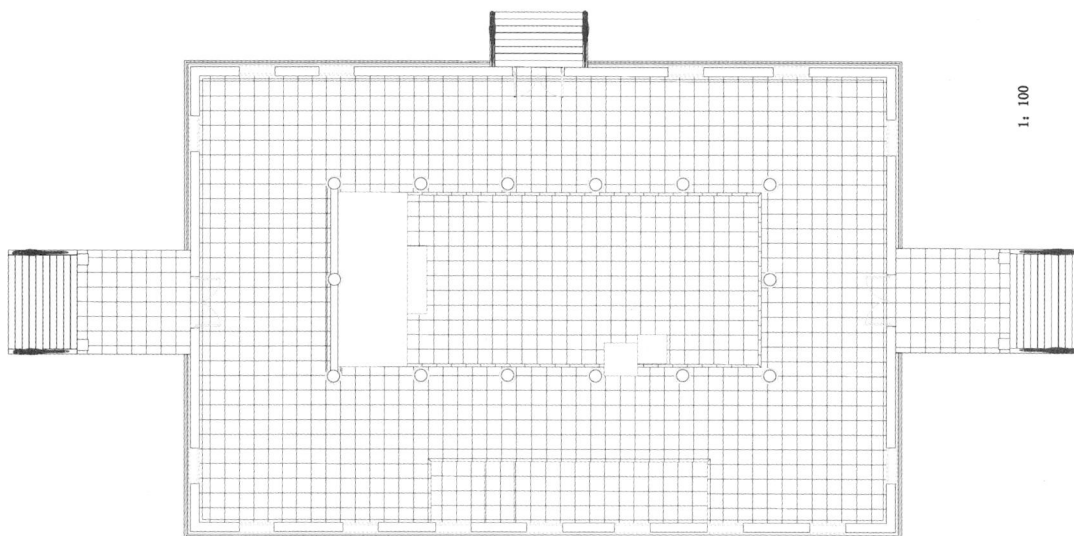

1: 100

佛牙寺平面加屋顶图

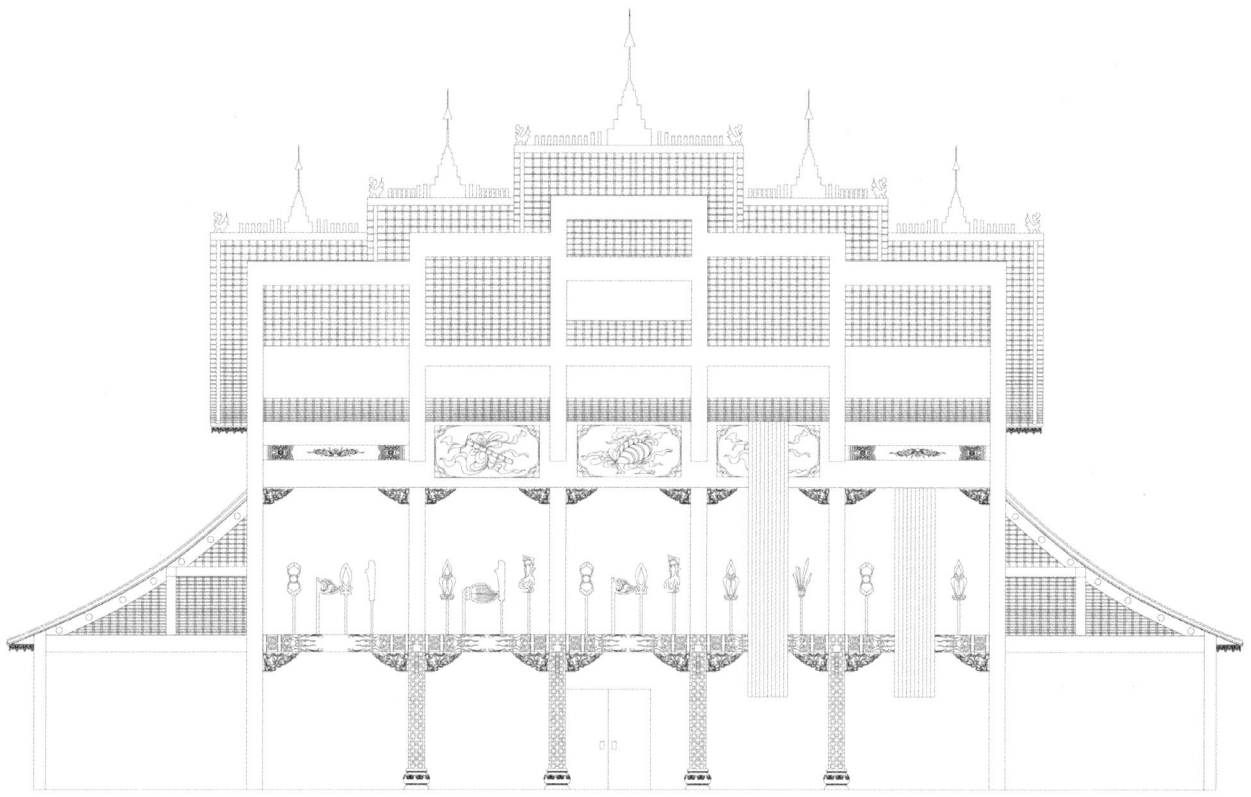

1：50

须弥座局部细节放大

柱子花纹局部放大

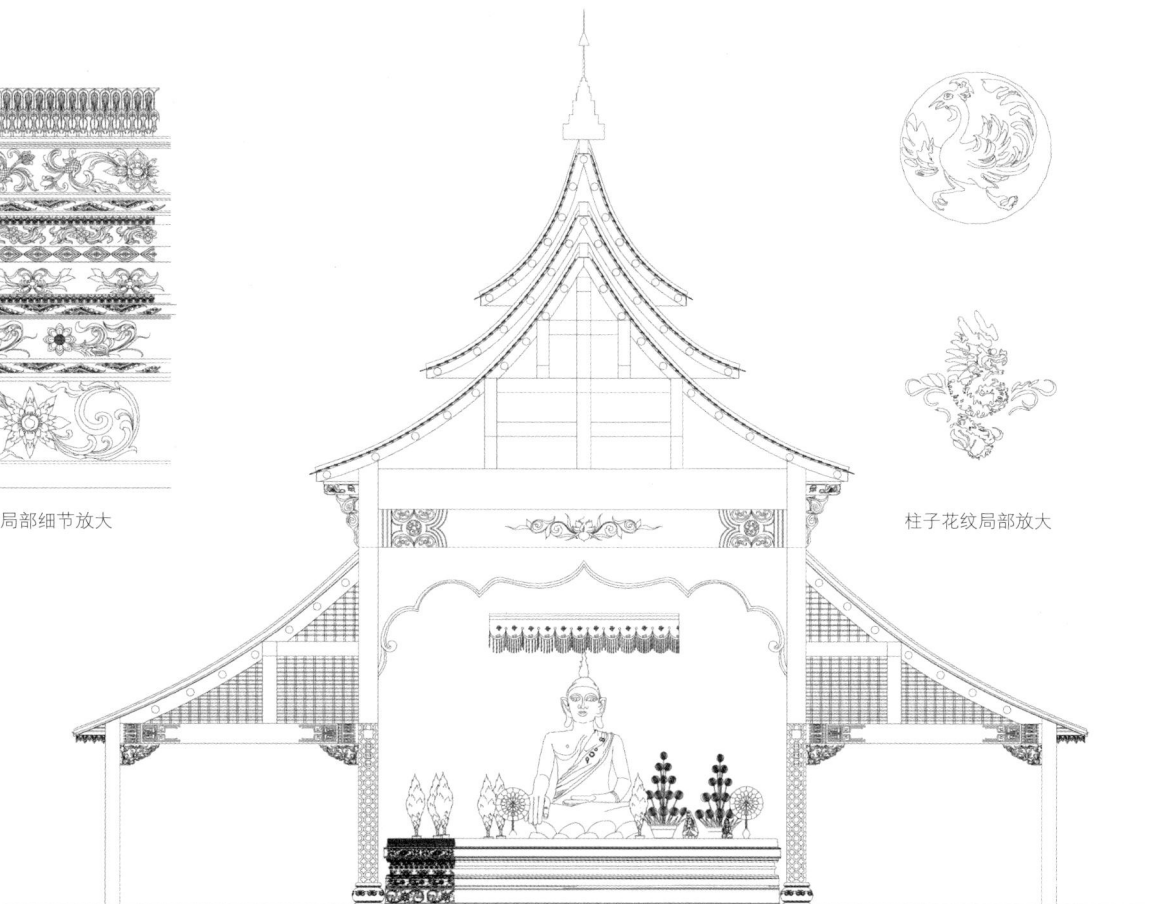

1：50

佛牙寺结构构造图

周丽雅　孙毅

周丽雅　孙毅

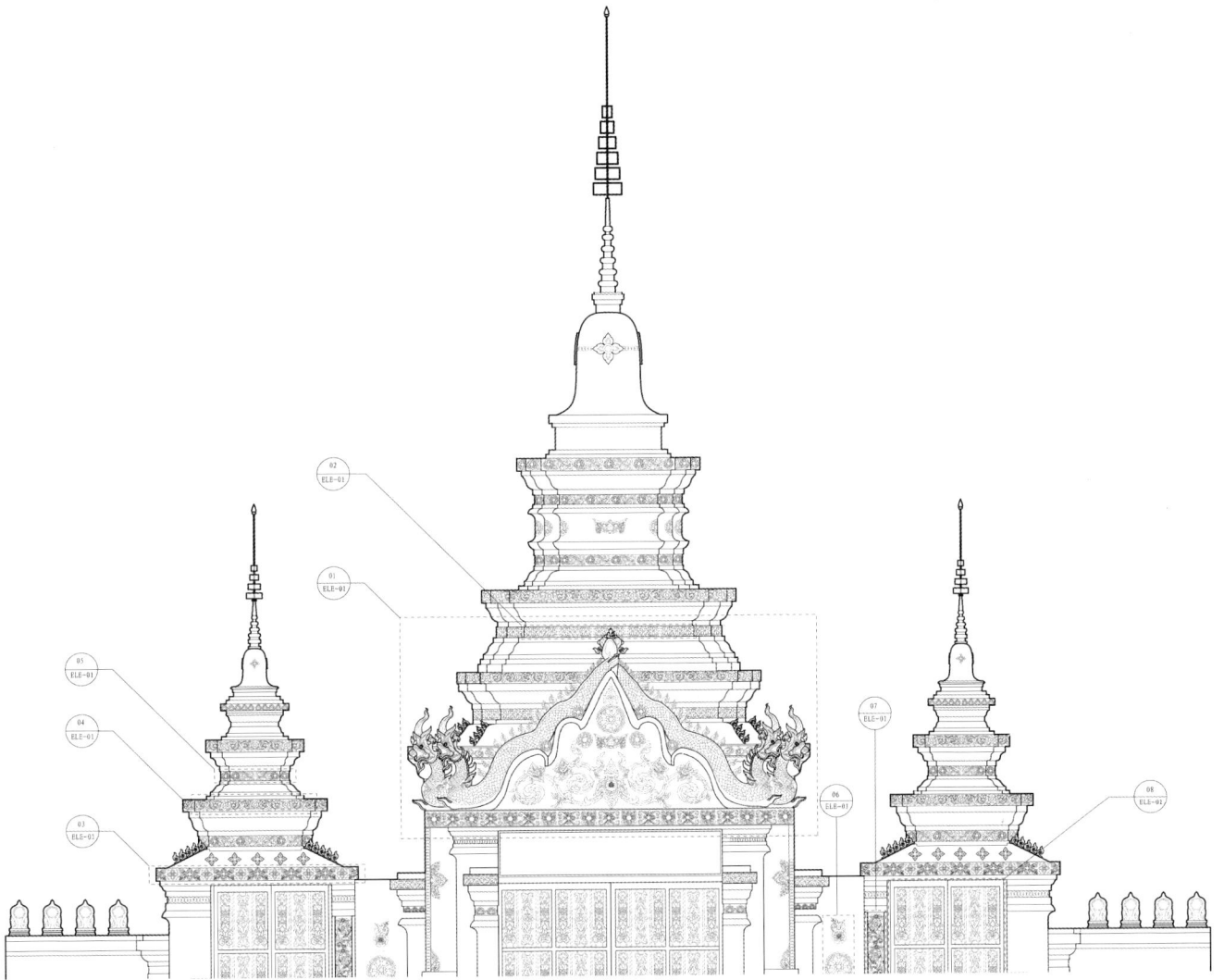

曼听总佛寺山墙正立面图

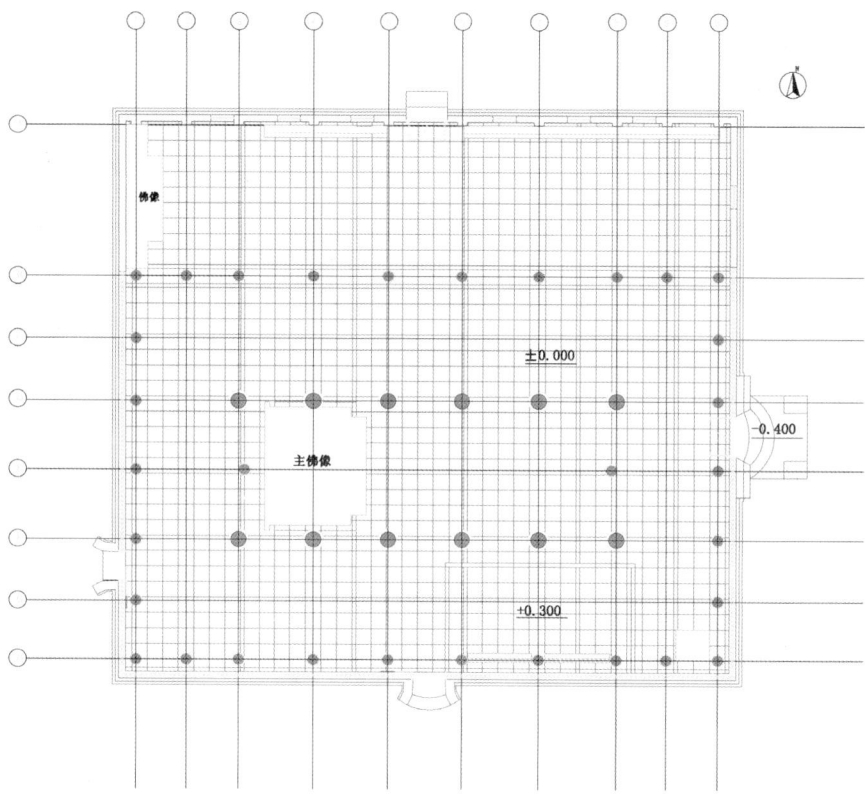

曼春满佛寺大殿平面图

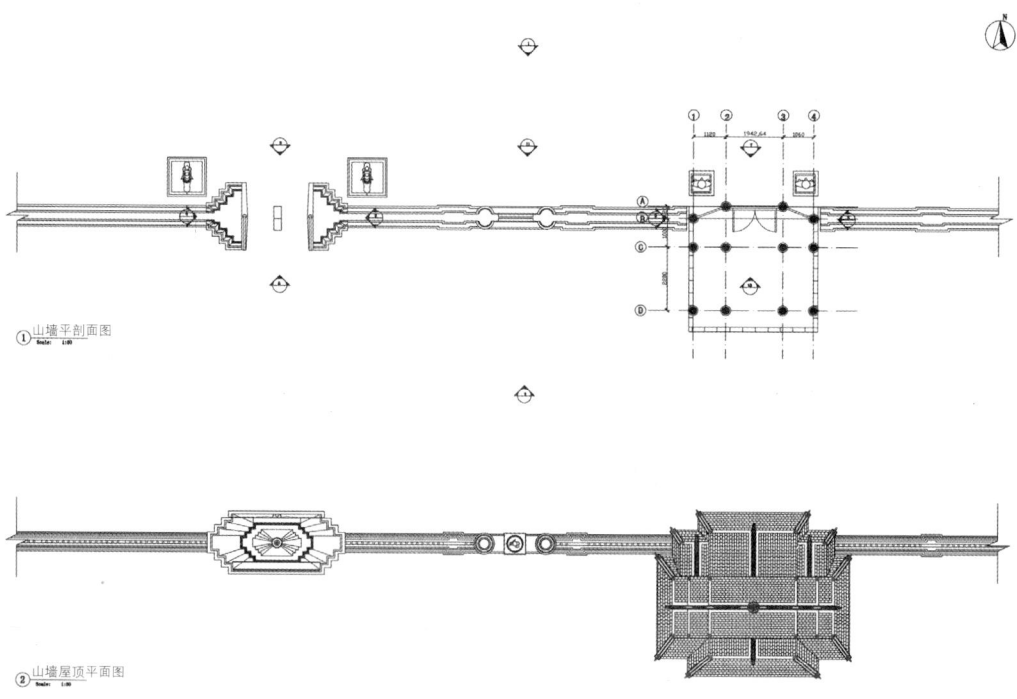

山墙平剖图　山墙屋顶平面图

龙蛇生肖门　　　　　　　　　　　虎兔生肖门　　　　　　　　　　　猴鸡生肖门

象狗生肖门

鼠牛生肖门

马羊生肖门

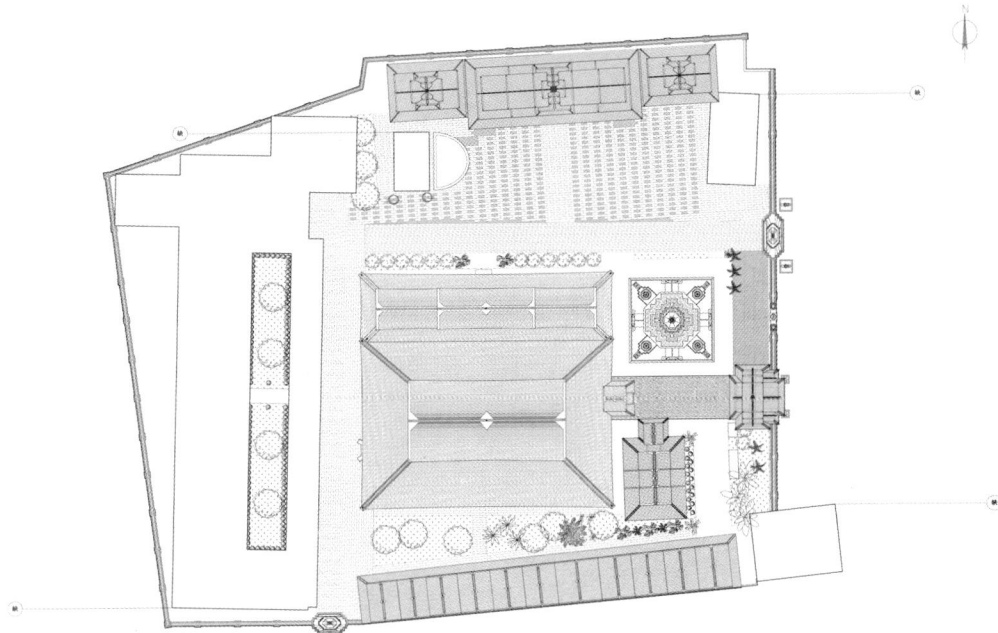

屋顶总平面图
Scale: 1:100

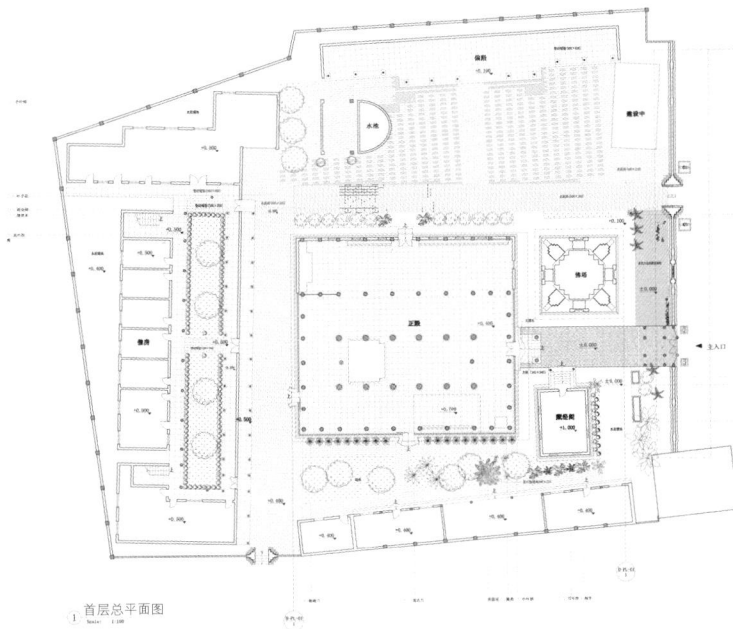

首层总平面图
Scale: 1:100

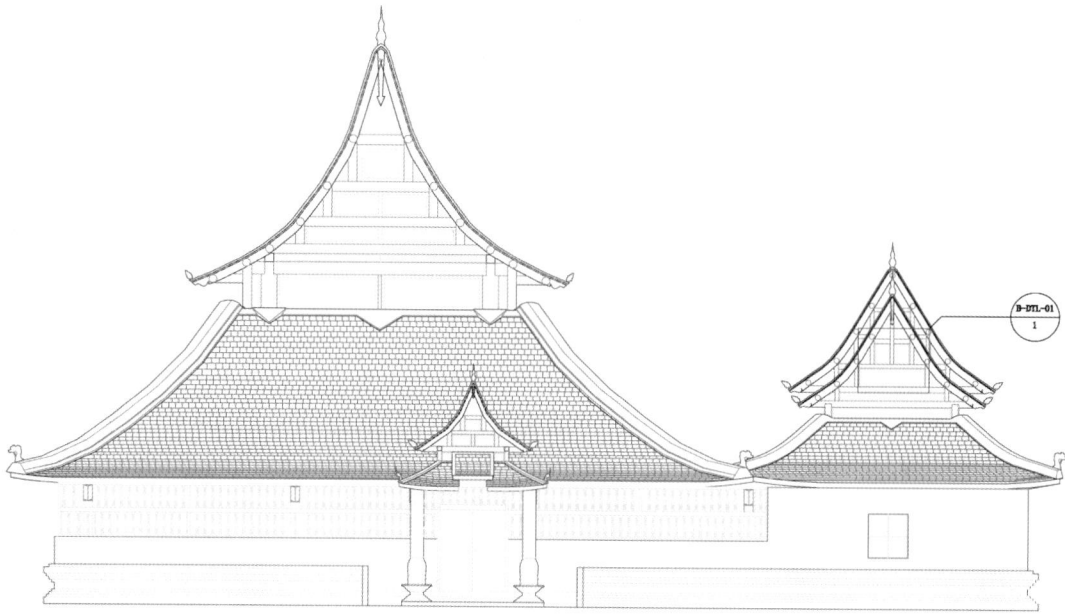

曼春满佛寺大殿北立面图

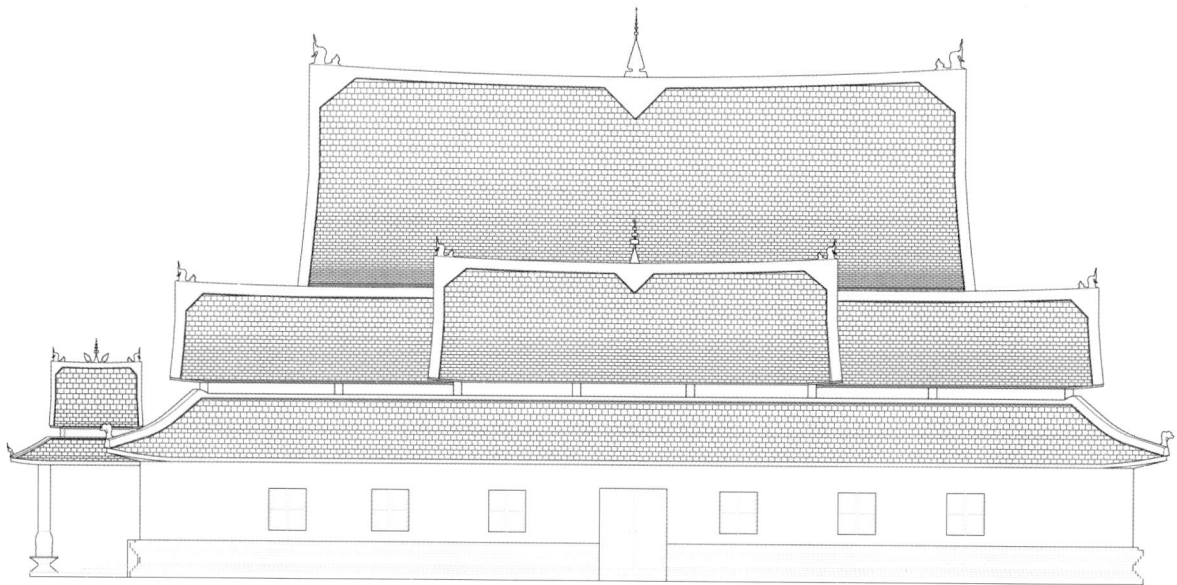

曼春满佛寺大殿西立面图

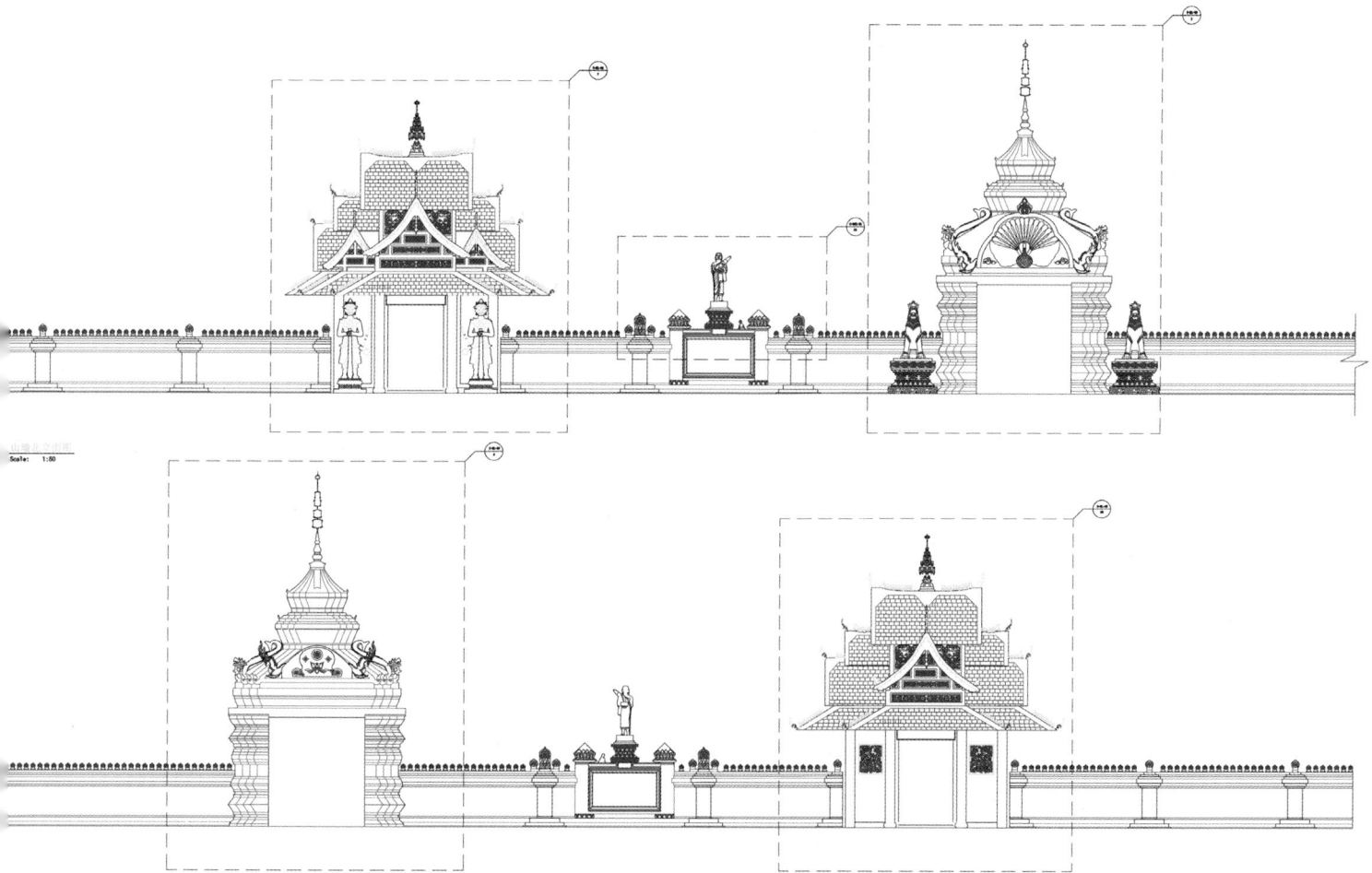

山墙南北立面图

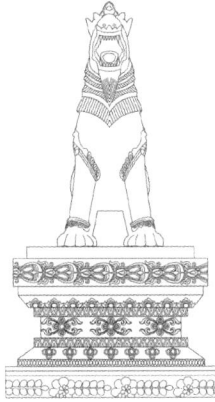

17   Scale: 1:10   18   Scale: 1:10

11   Scale: 1:10

13   Scale: 1:10

12   Scale: 1:10

14   Scale: 1:10

山墙装饰细部

中央美术学院建筑学院环艺系测绘成果附录

云南西双版纳曼听总佛寺测绘

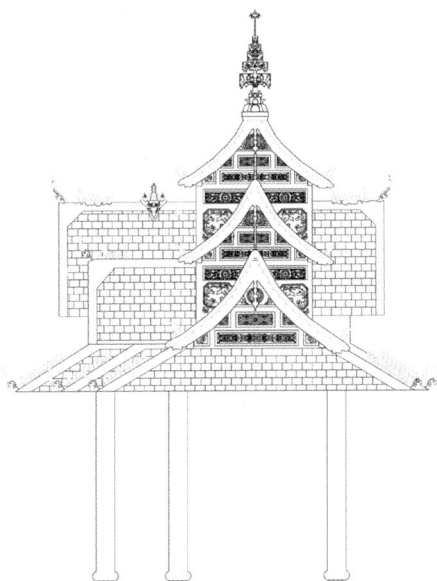

山墙东门 东、南立面图

山墙西门 南、西立面图

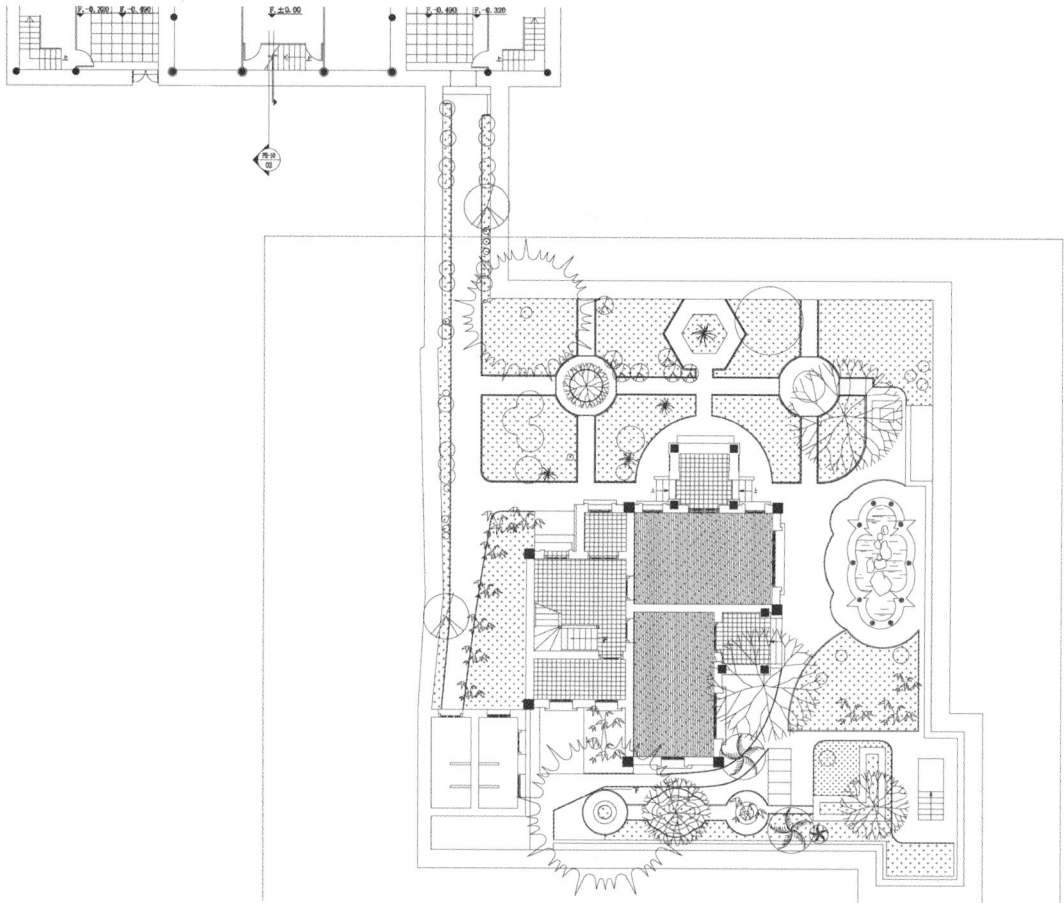

严家大院首层平面布置图

① 严家大院小洋楼首层放大平面图
Scale: 1:70

(16)小紫珠
(5)冬青木
(6)圆柏　(5)冬青木
(13)虎头兰
(12)夜香树
(4)桂花
(11)扶桑
(15)月季
(14)君子兰
(9)金竹
(10)水竹
(1)桑树
(8)棕树
(15)月季
(11)扶桑
(2)国槐
(9)金竹
(3)缅桂
(7)云南松
(4)桂花
(8)棕树

严家大院小洋楼首层放大平面图

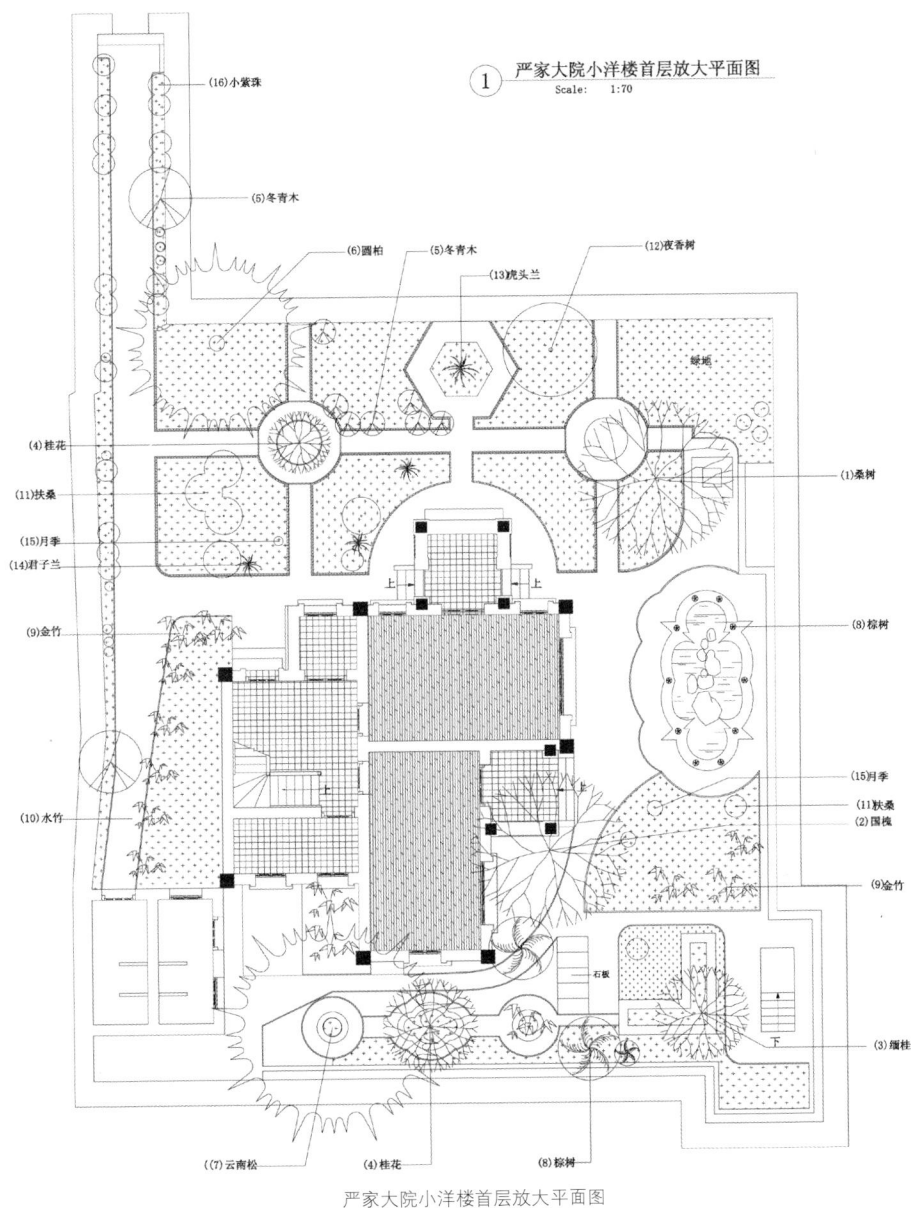

序号	中文名	图示	拉丁名	数量	单位	高度(m)	冠幅(m)	备注
1	桑树		Morus alba L.	1	株		5.0	
2	国槐		Sophora japinica L.	1	株		5.0	
3	缅桂		Michelia alba DC.	1	株		3.0	
4	桂花		Osmanthus fragrans	2	株		2.0-3.0	
5	冬青木		Ilex chinensis Sims	7	株		1.2-2.0	
6	圆柏		Sabina chinensis Antoine	1	株		5.0	
7	云南松		Pinus yunnanensis Franch	1	株	6.3	6.0	
8	棕树		Trachycarpus fortunei H.Wendl.	12	株		0.2-1.0	
9	金竹		Phyllostachys sulphurea	8	株		2.0	
10	水竹			5	株	2.0	1.5	
11	扶桑		Hibiscus rosa-sinensis l.	8	株		0.7-1.2	
12	夜香树		Cestrum nocturnum L.	1	株	4.5	3.0	
13	虎头兰			1	株		0.8	
14	君子兰			2	株		0.7	
15	月季		Rosa chinensis Jacq.	3	株	1.2	0.3-0.5	
16	小紫珠		Callicarpa dichotoma K.Koch	26	株	0.3-0.5	0.3-0.7	

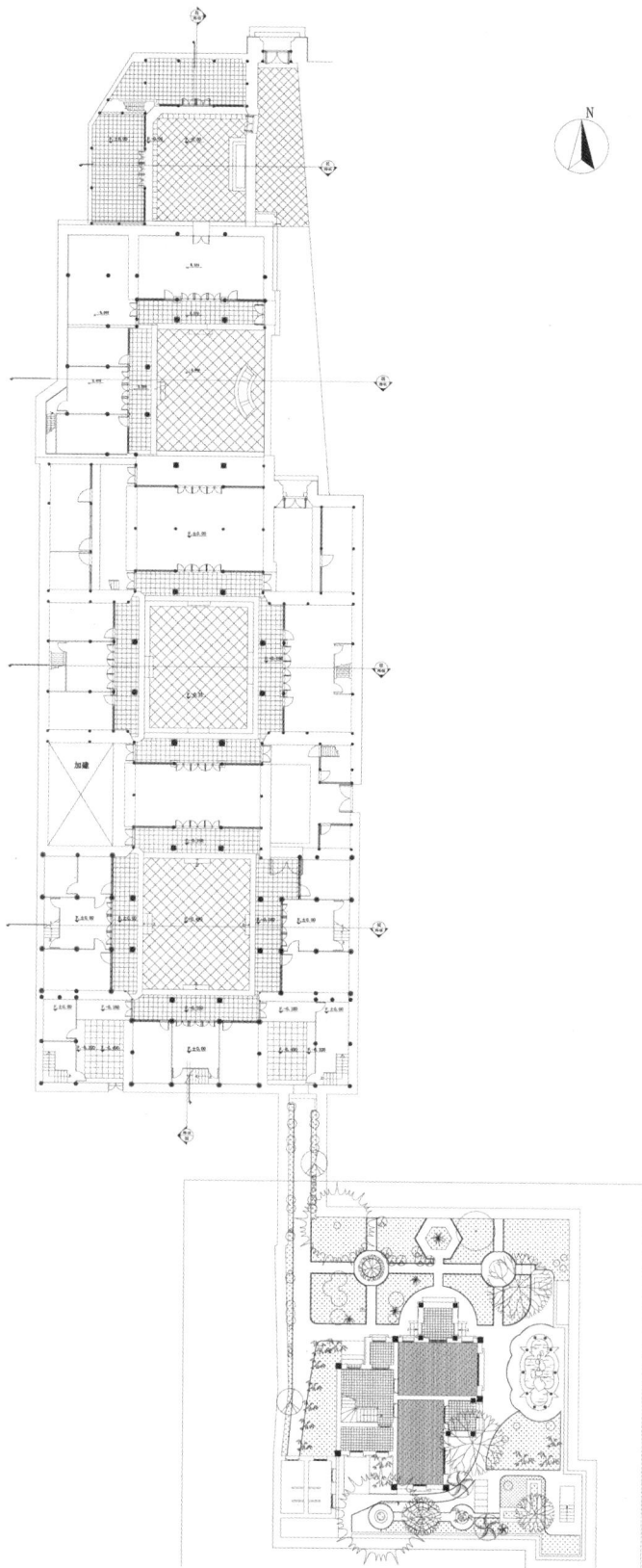

严家大院首层平面布置图

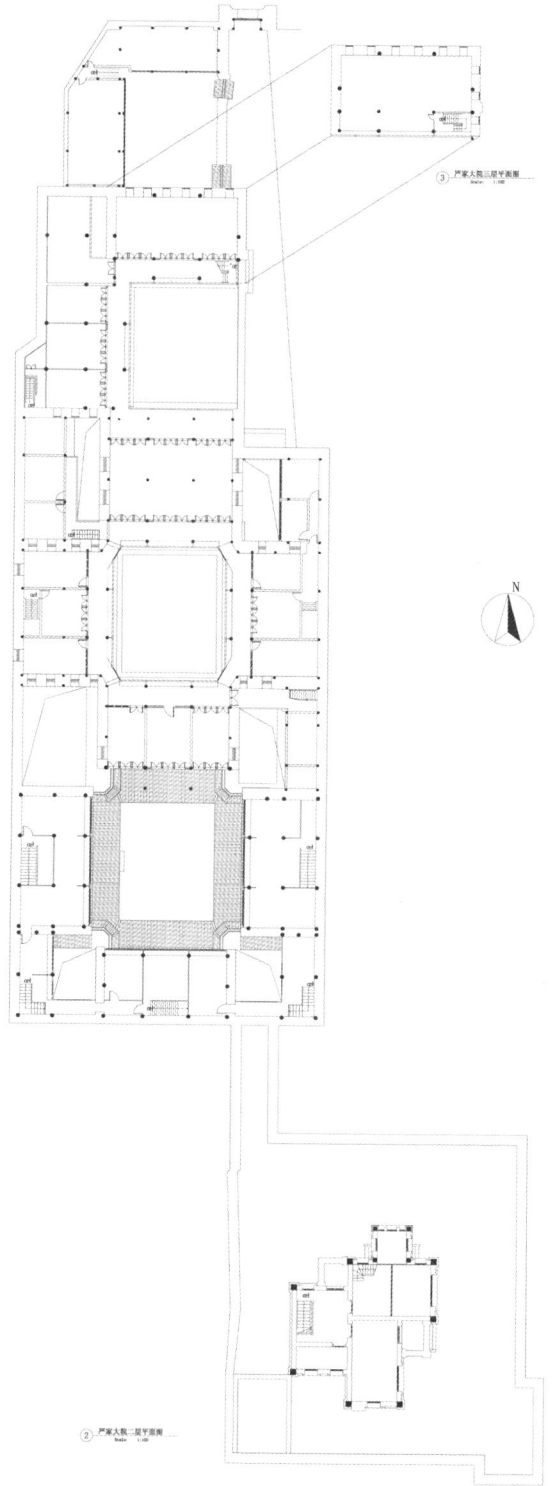

严家大院二层平面布置图

严家大院第三井建筑立面

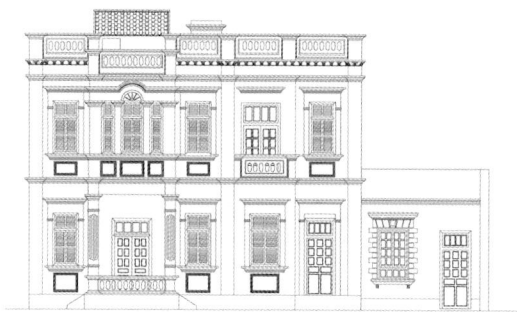

① 小洋楼立面图
Scale: 1:50

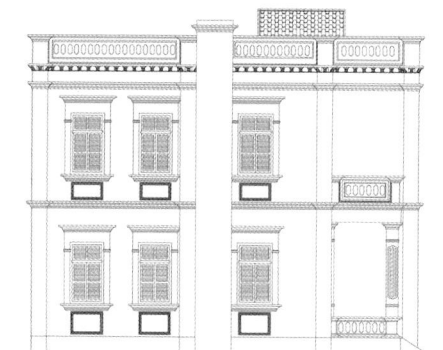

② 小洋楼立面图
Scale: 1:50

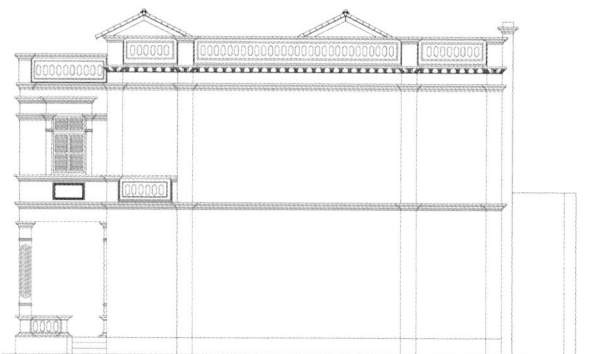

① 小洋楼立面图
Scale: 1:50

② 小洋楼立面图
Scale: 1:50

严家大院小洋楼立面图

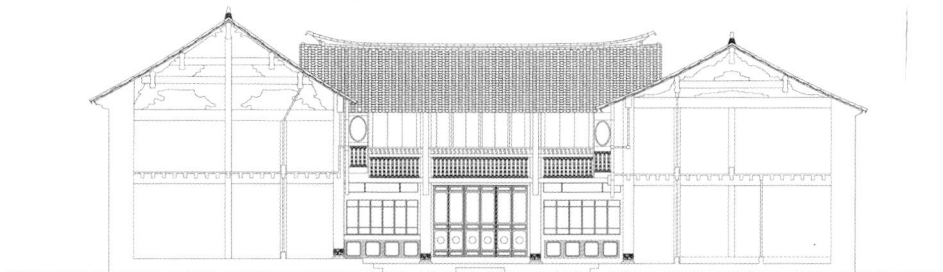

1 剖立面图
Scale: 1:50

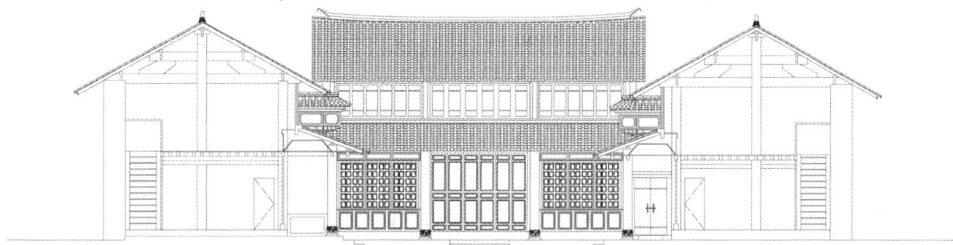

2 剖立面图
Scale: 1:50

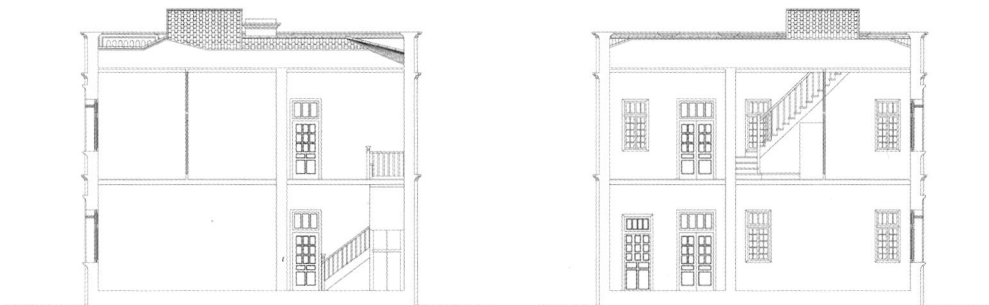

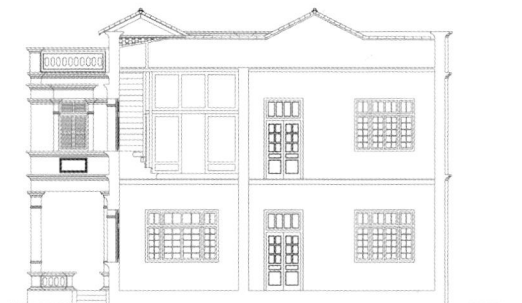

1 剖面图
Scale: 1:50

2 剖面图
Scale: 1:50

3 剖面图
Scale: 1:50

小洋楼剖面图、剖立面图

① 立面图　Scale:　1:100

② 立面图　Scale:　1:100

③ 剖立面图　Scale:　1:50

④ 立面图　Scale:　1:50

① 立面图　Scale:　1:50

② 立面图　Scale:　1:50

① 立面图　Scale:　1:50

② 立面图　Scale:　1:50

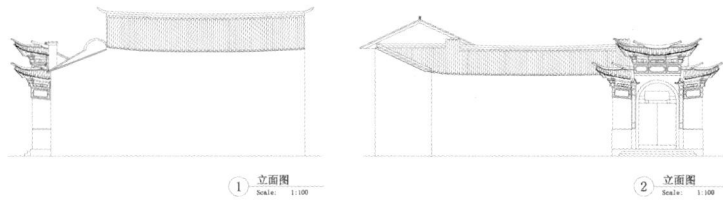

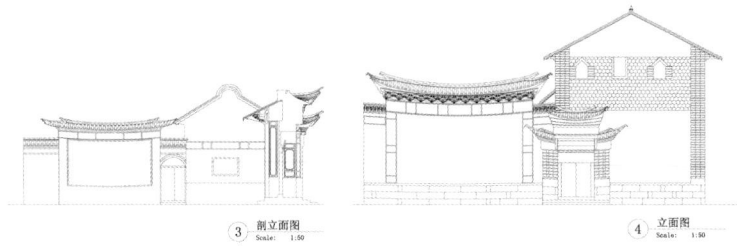

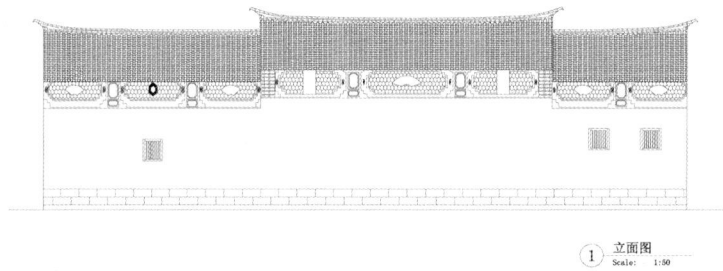

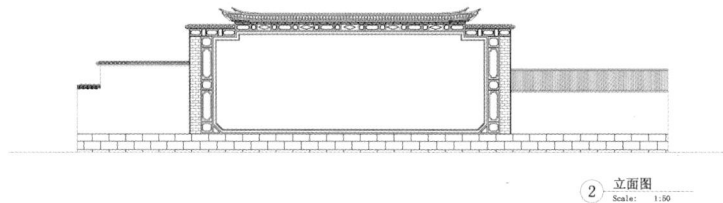

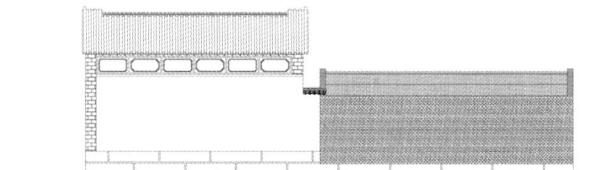

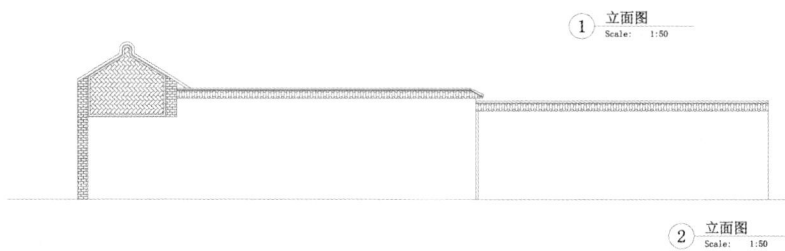

单体建筑外立面图

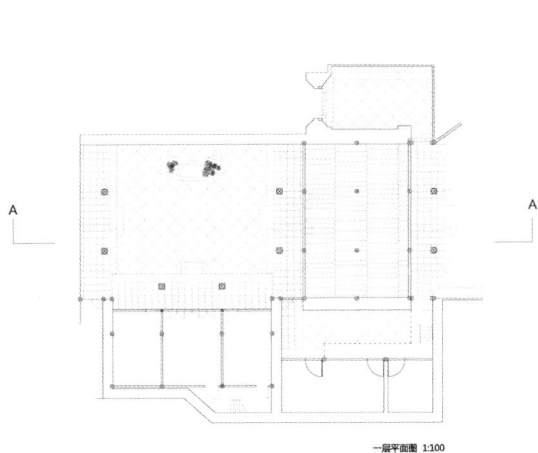

一层平面图 1:100

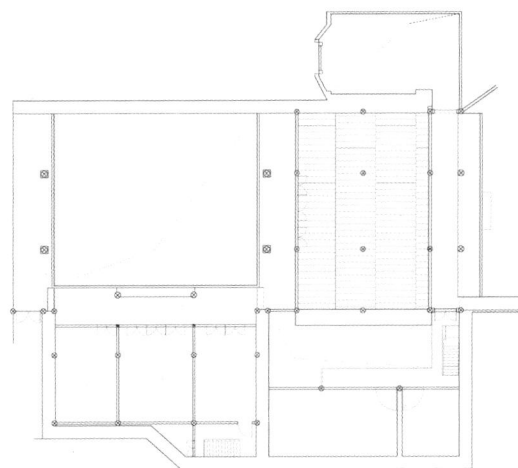

二层平面图 1:100

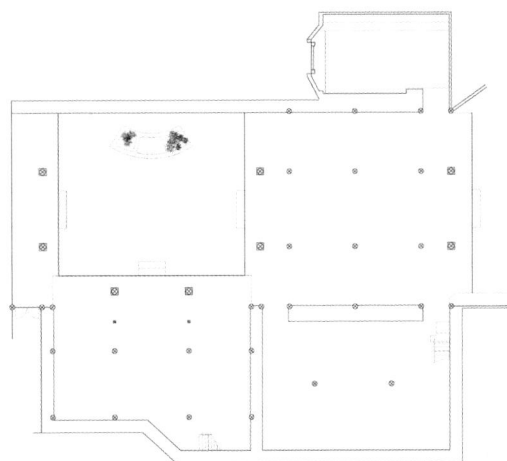

严家大院第三井结构平面图

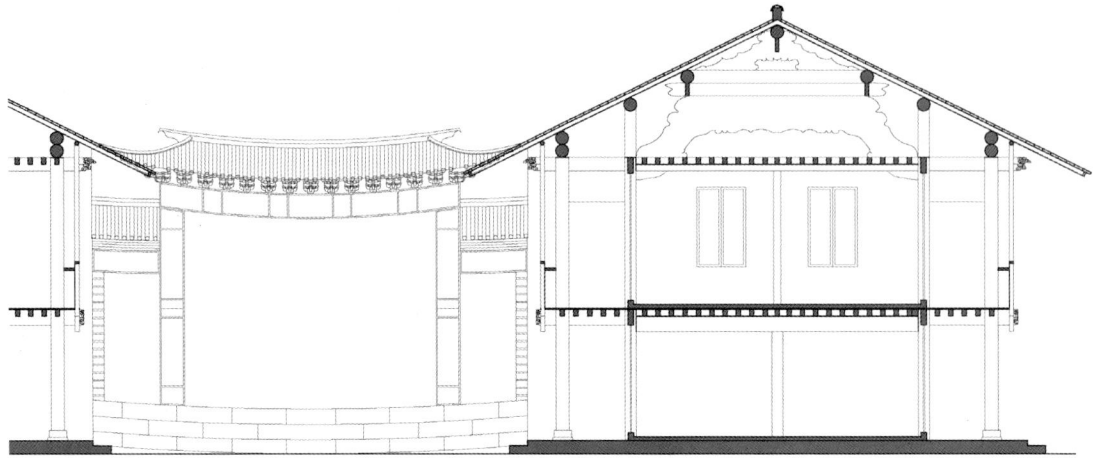

严家大院第三井A—A剖面图

严家大院第三井写生 陈真（2009）

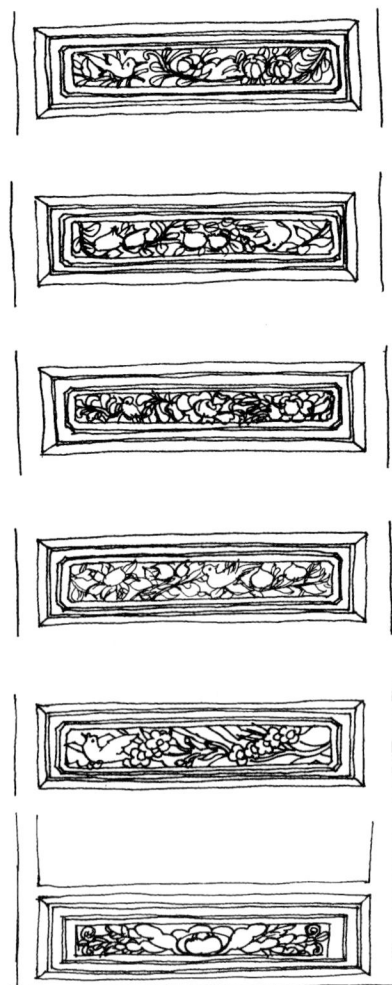

吕祖翠（2009）

调研窗花手稿 马兆明 (2009)

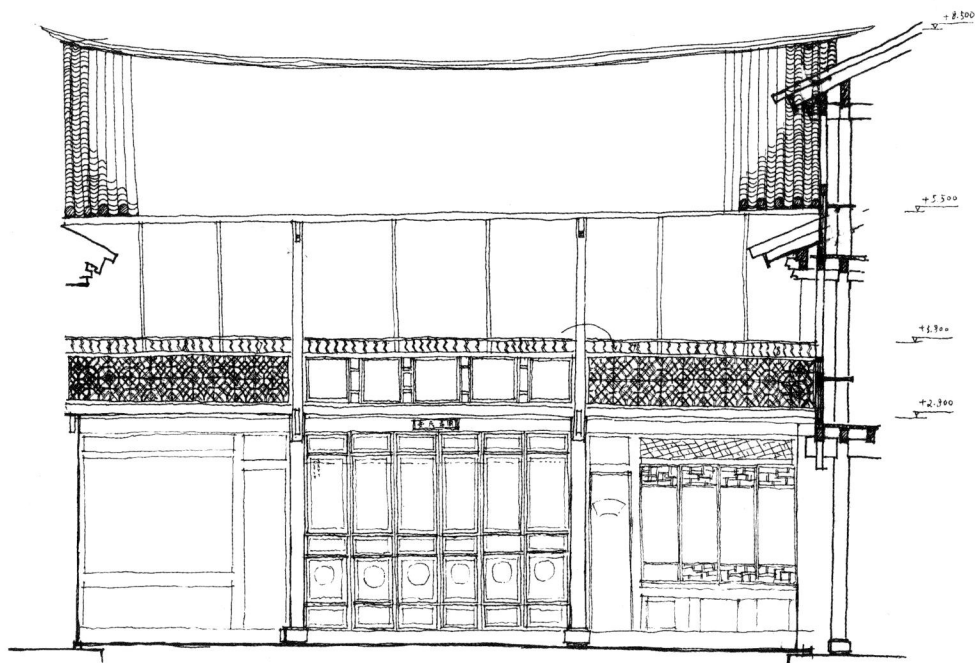

调研立面手稿 陈真 (2009)

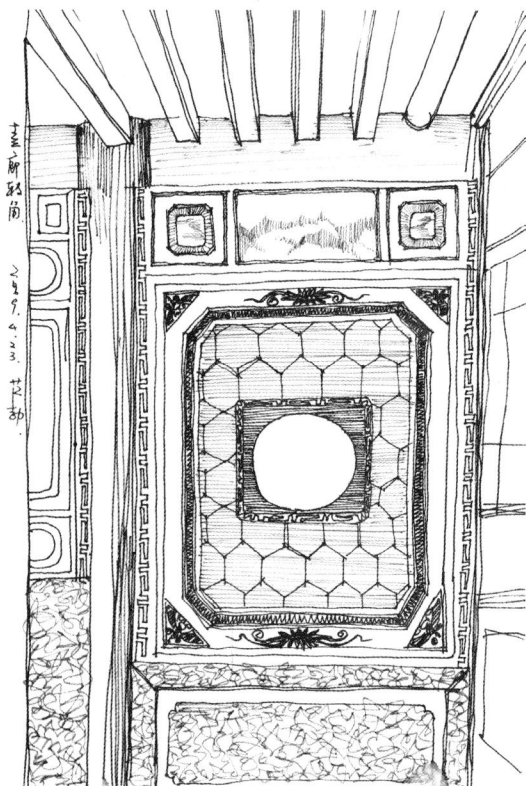

室内外小场景手绘 范劼 (2009)

室内外小场景手绘 陈真 (2009)

室内外小场景手绘 陈真（2009）

室内外小场景手绘 陈真（2009）

喜州某民宅测绘一层平面

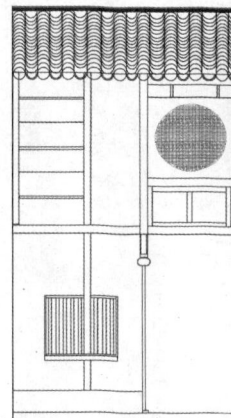

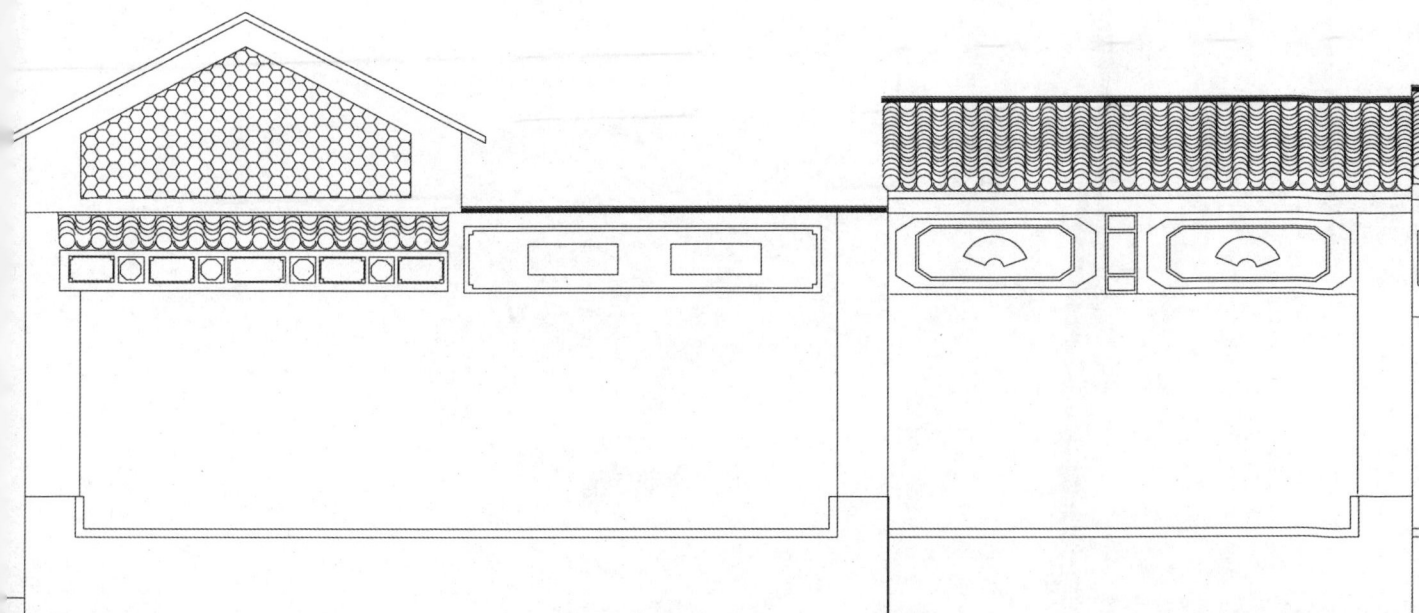

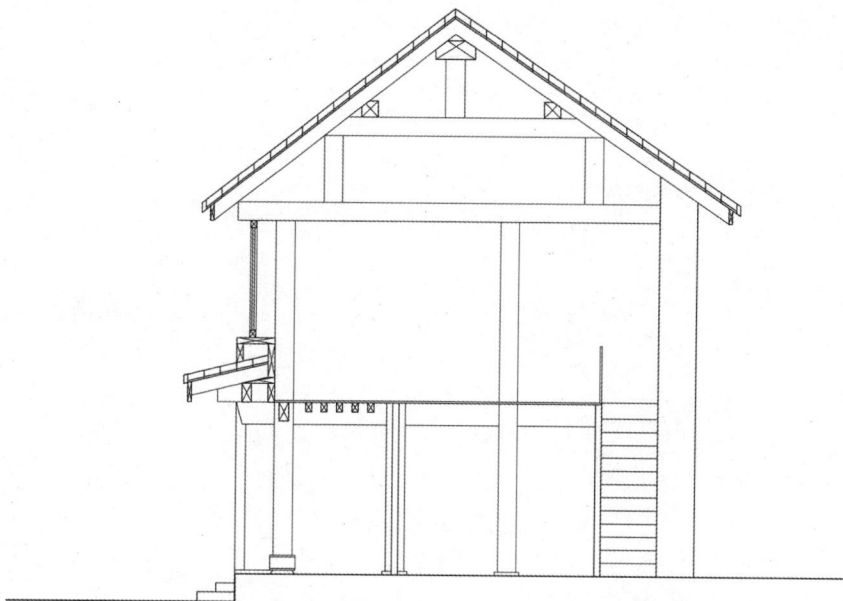

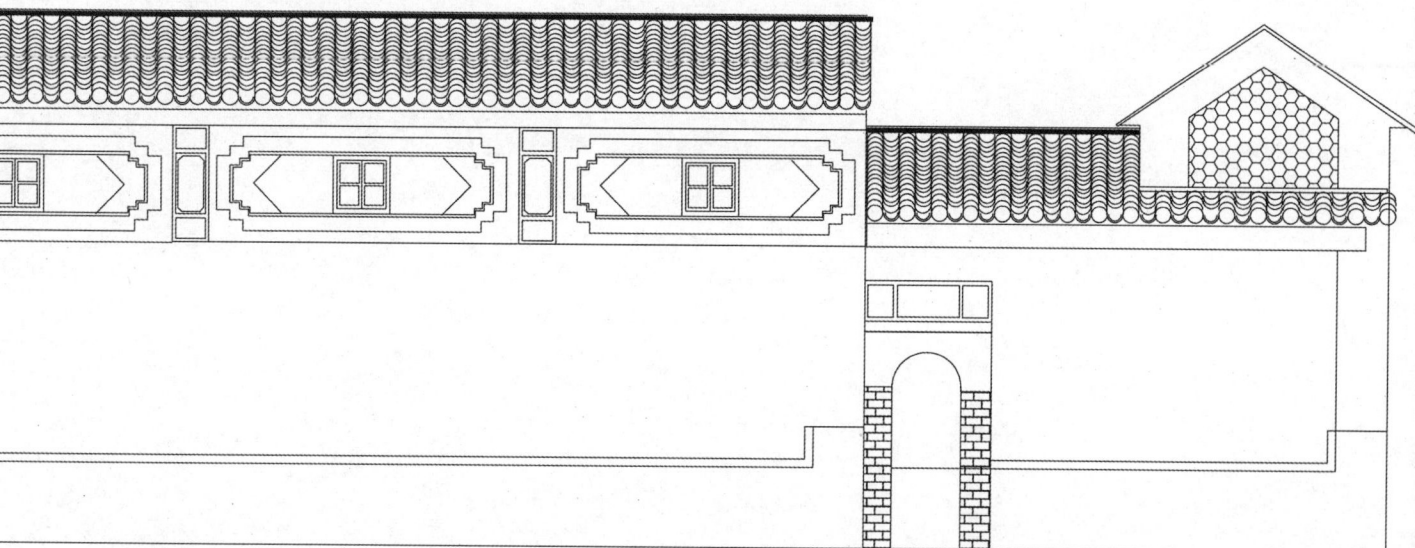

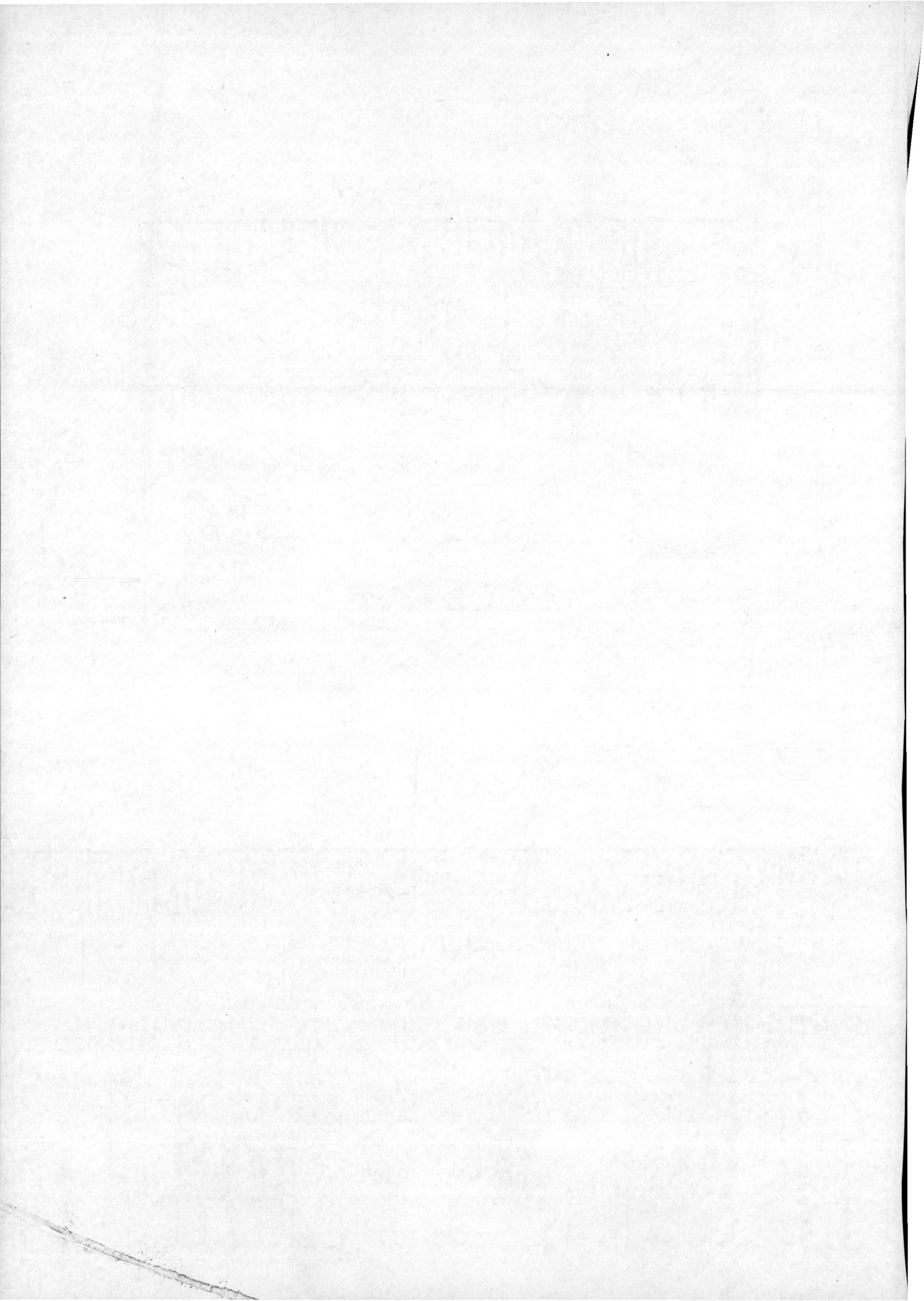

中央美术学院建筑学院环艺系测绘成果附录

云南大理喜州严家大院测绘

喜州某民宅测绘立面图（横跨页）

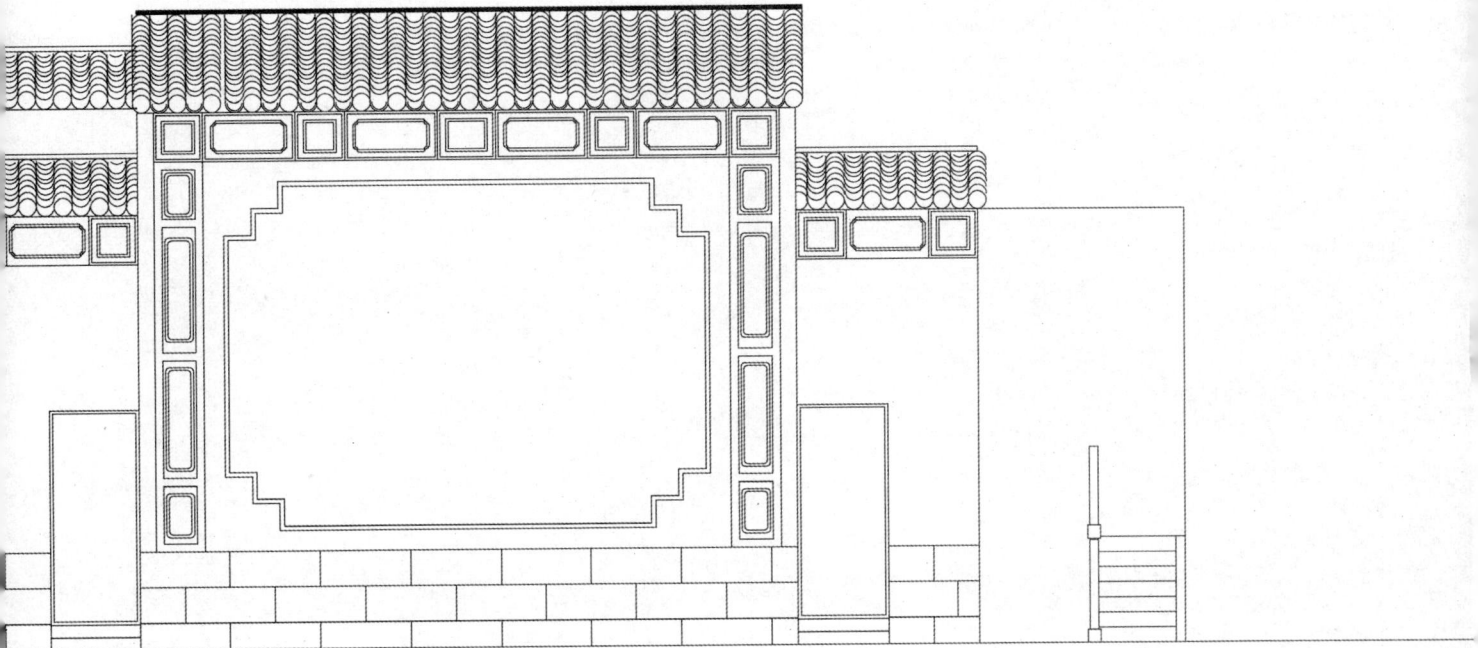

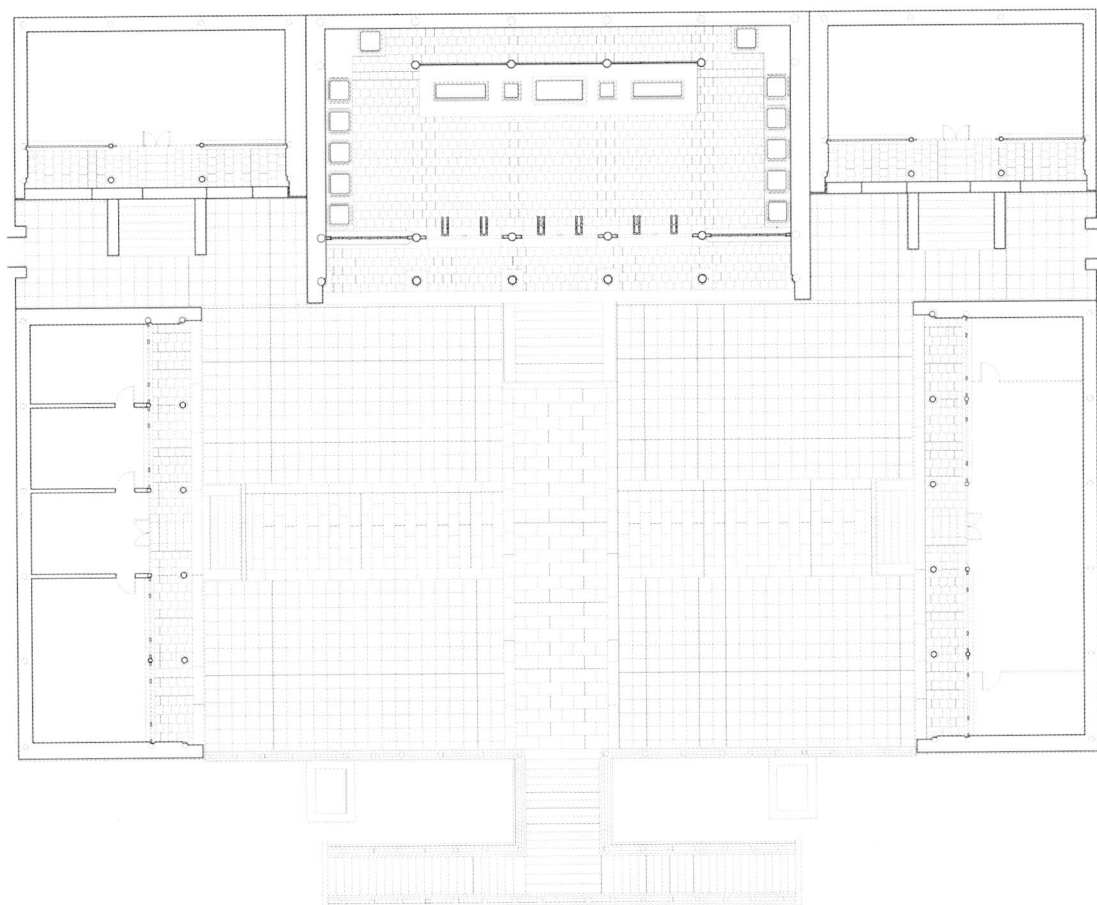

雷音殿总平面图　　1/100

佑国寺雷音宝殿平面图

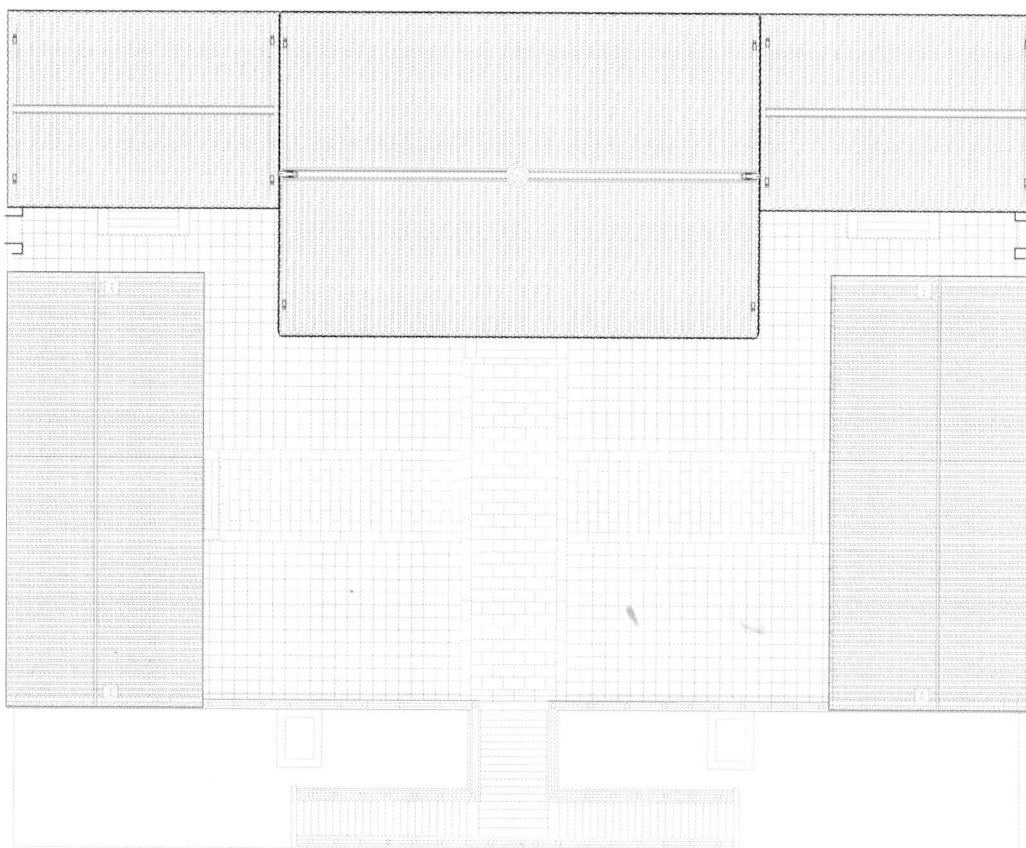

雷音殿屋顶平面图　　1/100

佑国寺雷音宝殿屋顶平面图

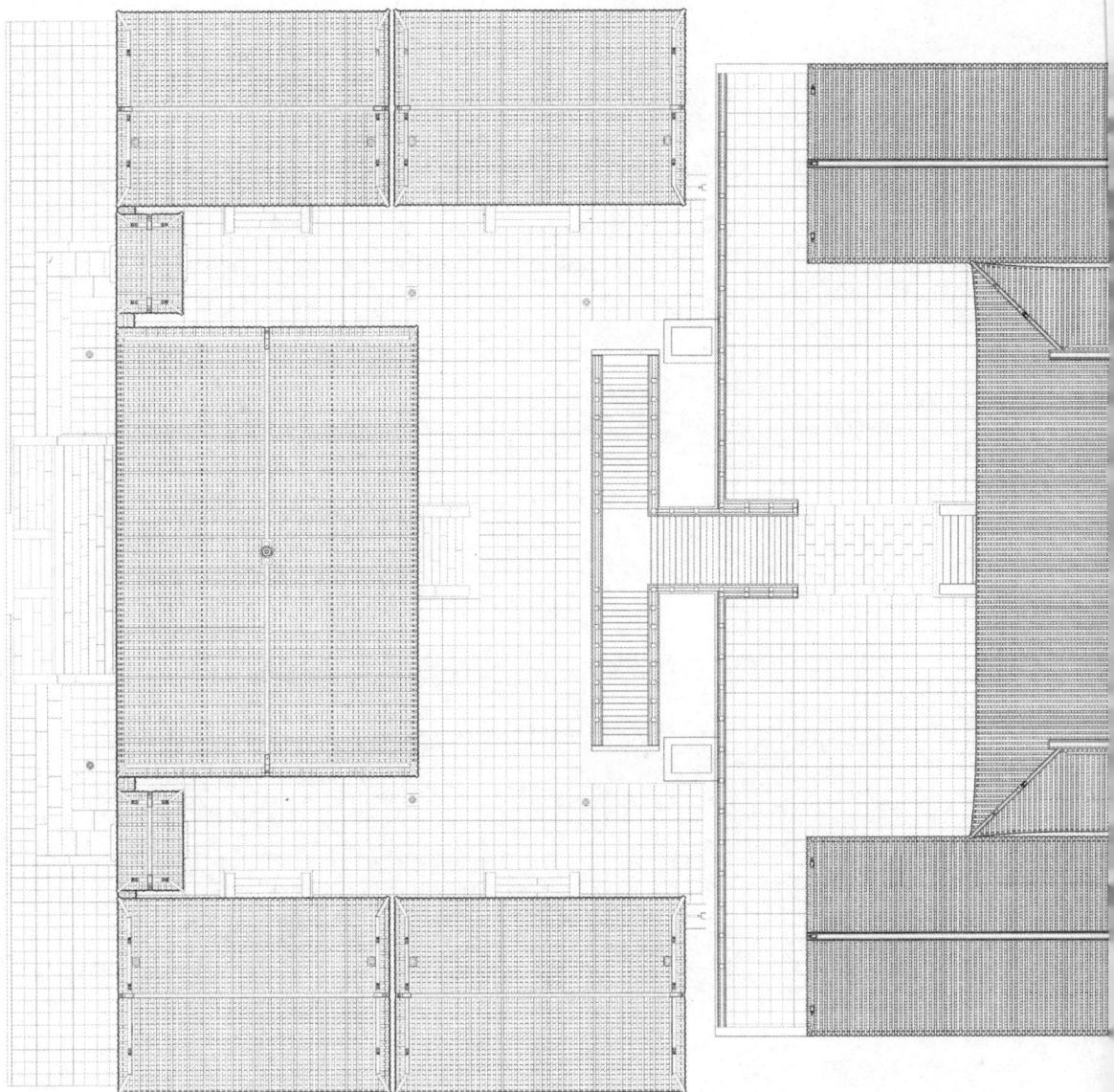

佑国寺总平面图 1/80

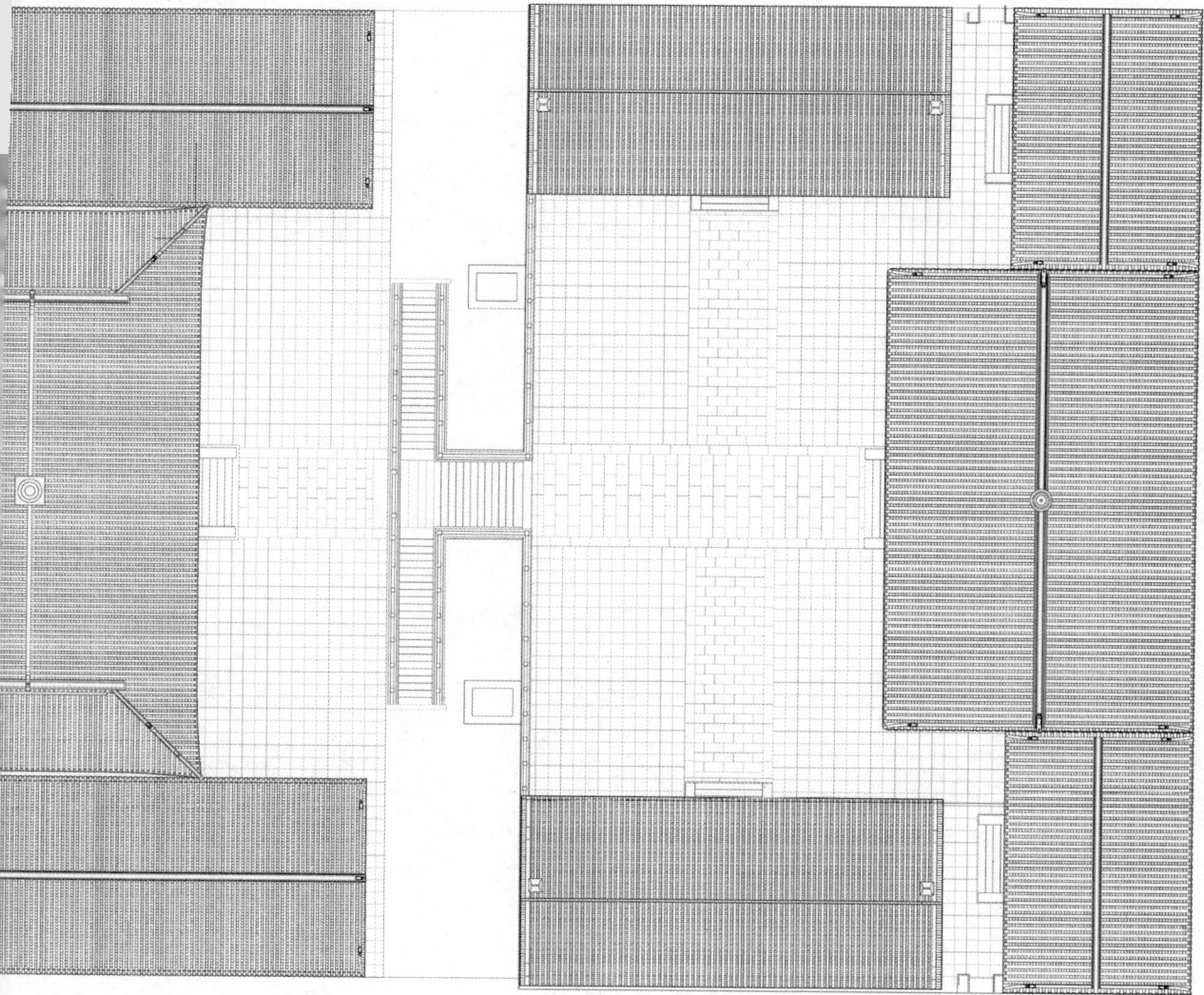

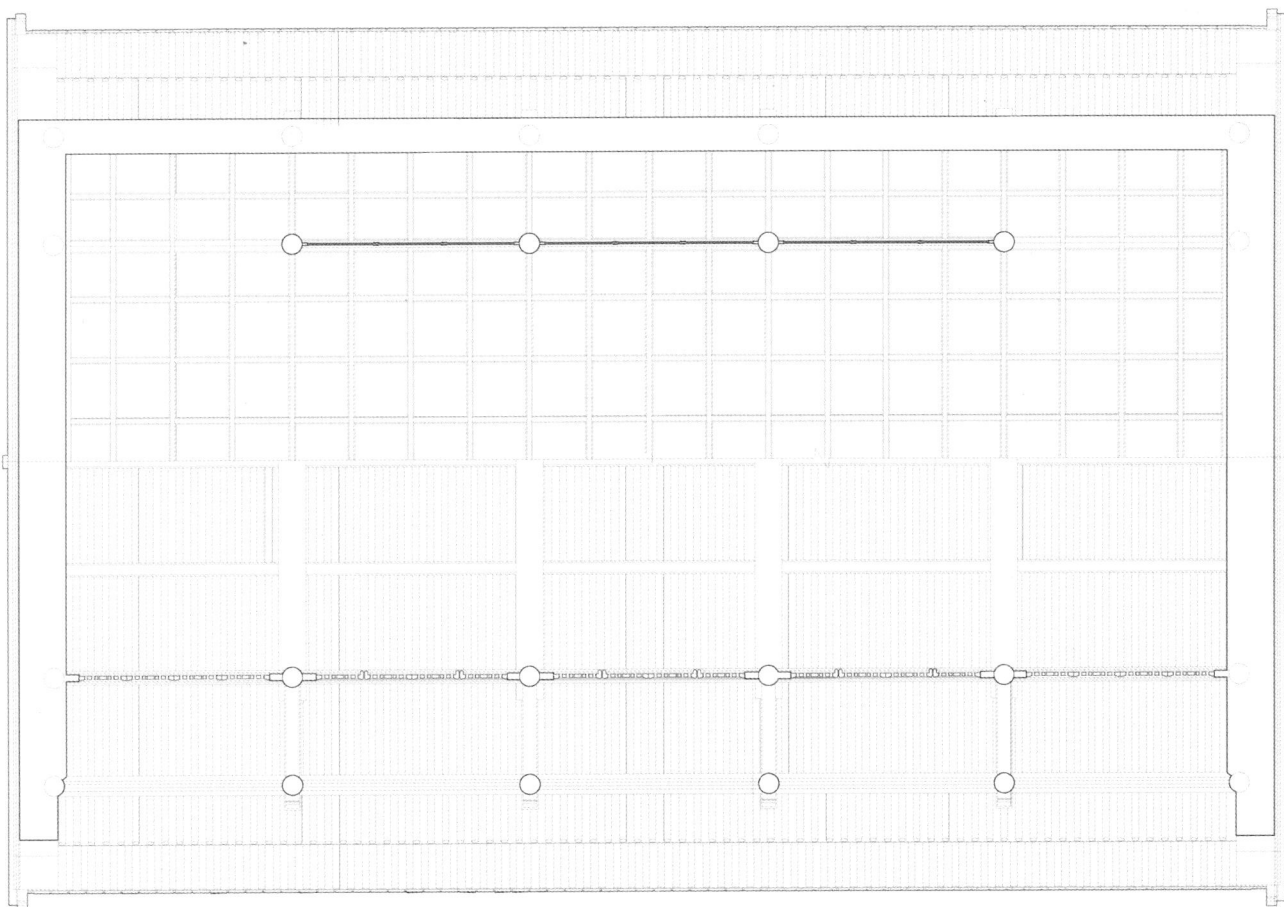

雷音殿仰视图　1/100

佑国寺雷音宝殿仰视图

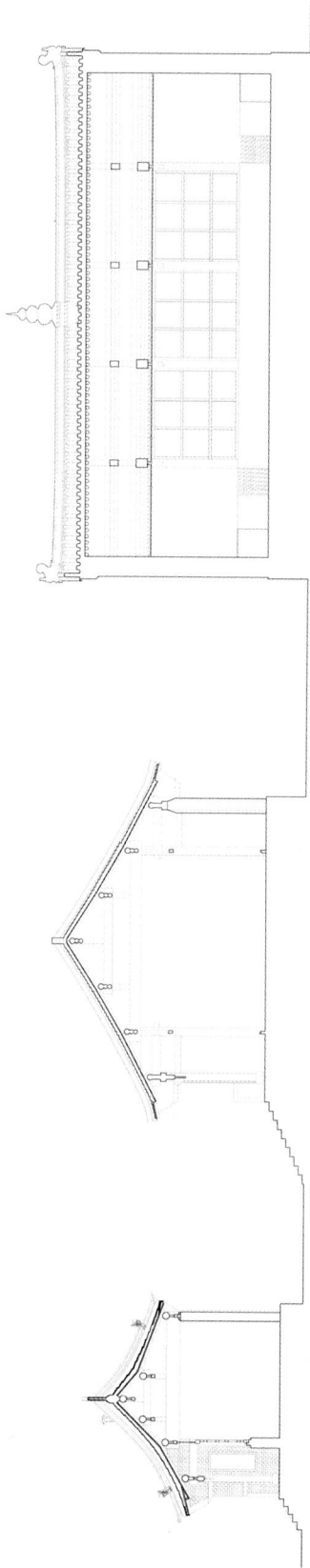

佑国寺雷音宝殿配殿明间剖面图

佑国寺雷音宝殿内饰细部大样图

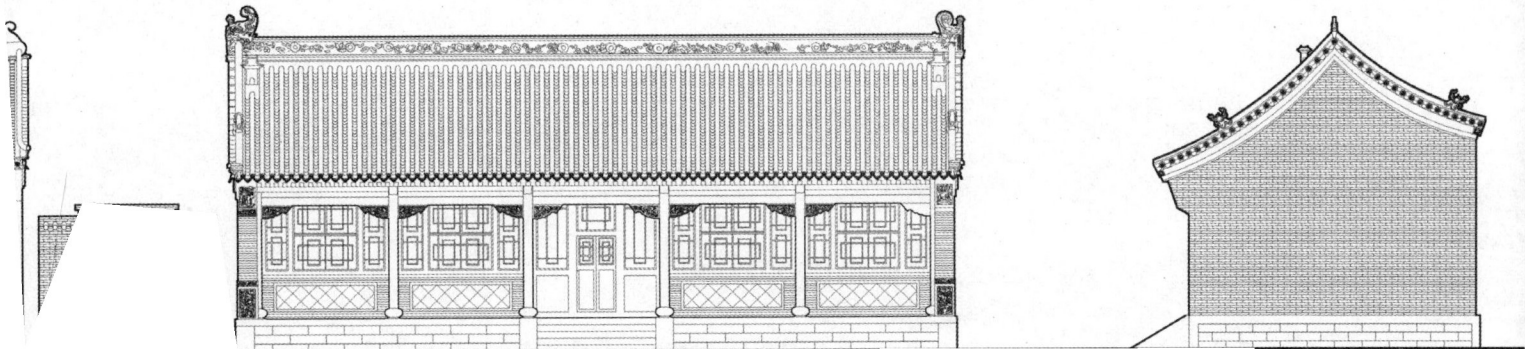

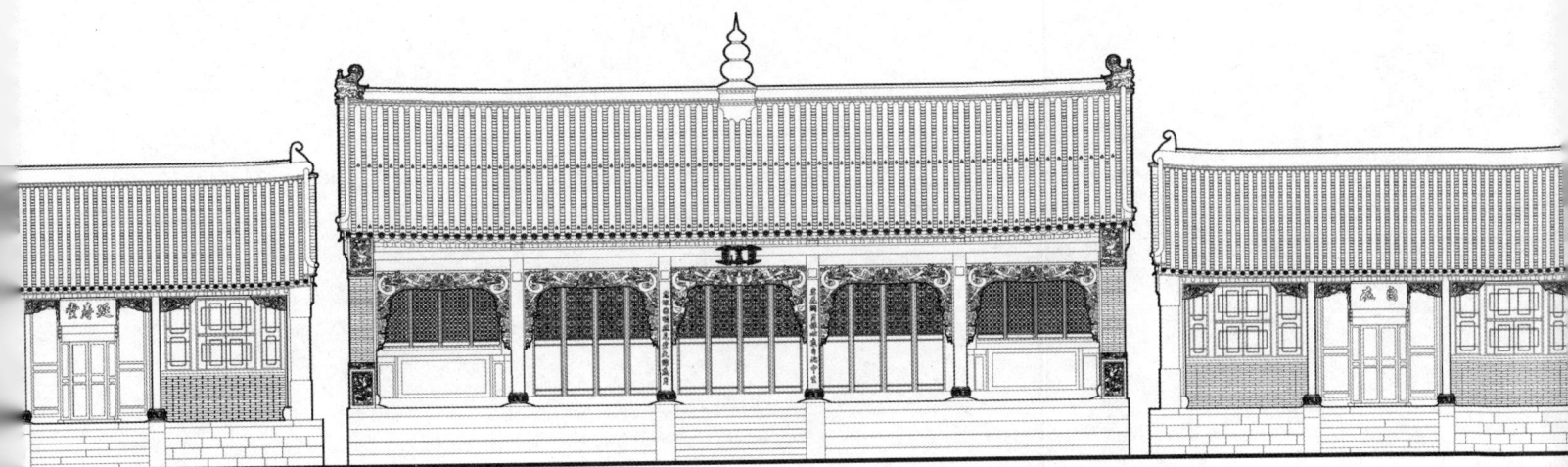

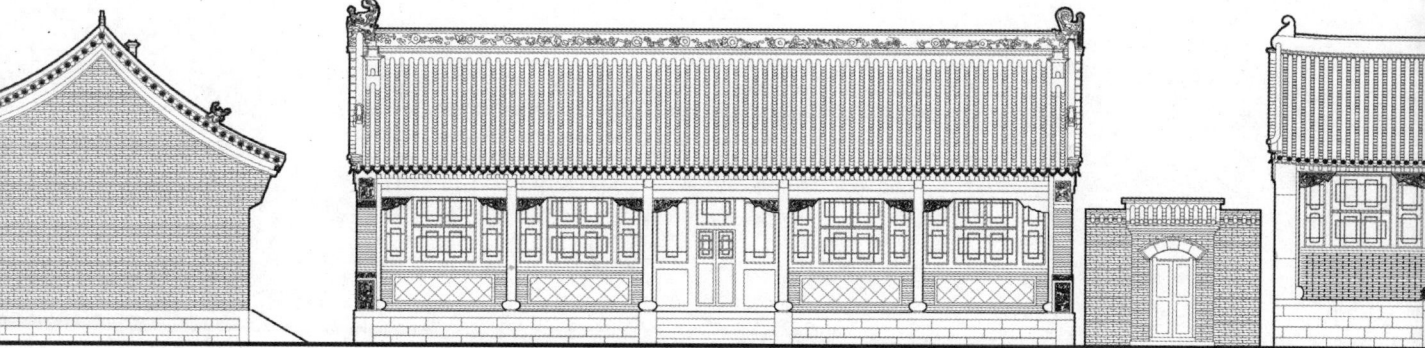

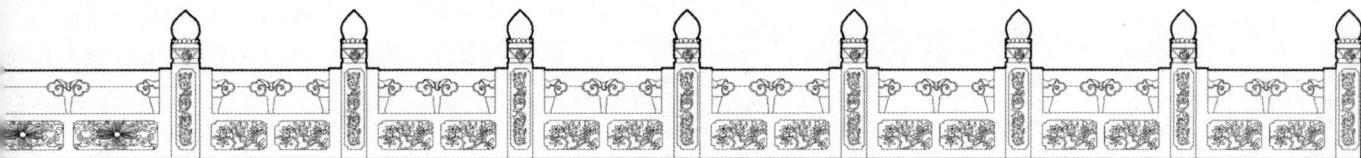

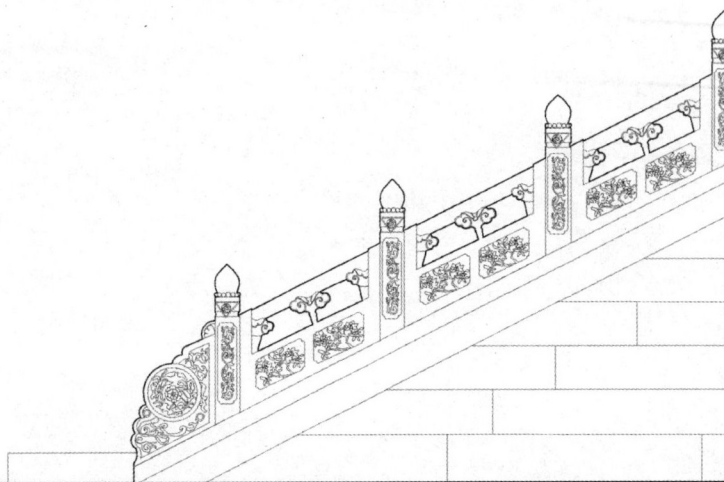

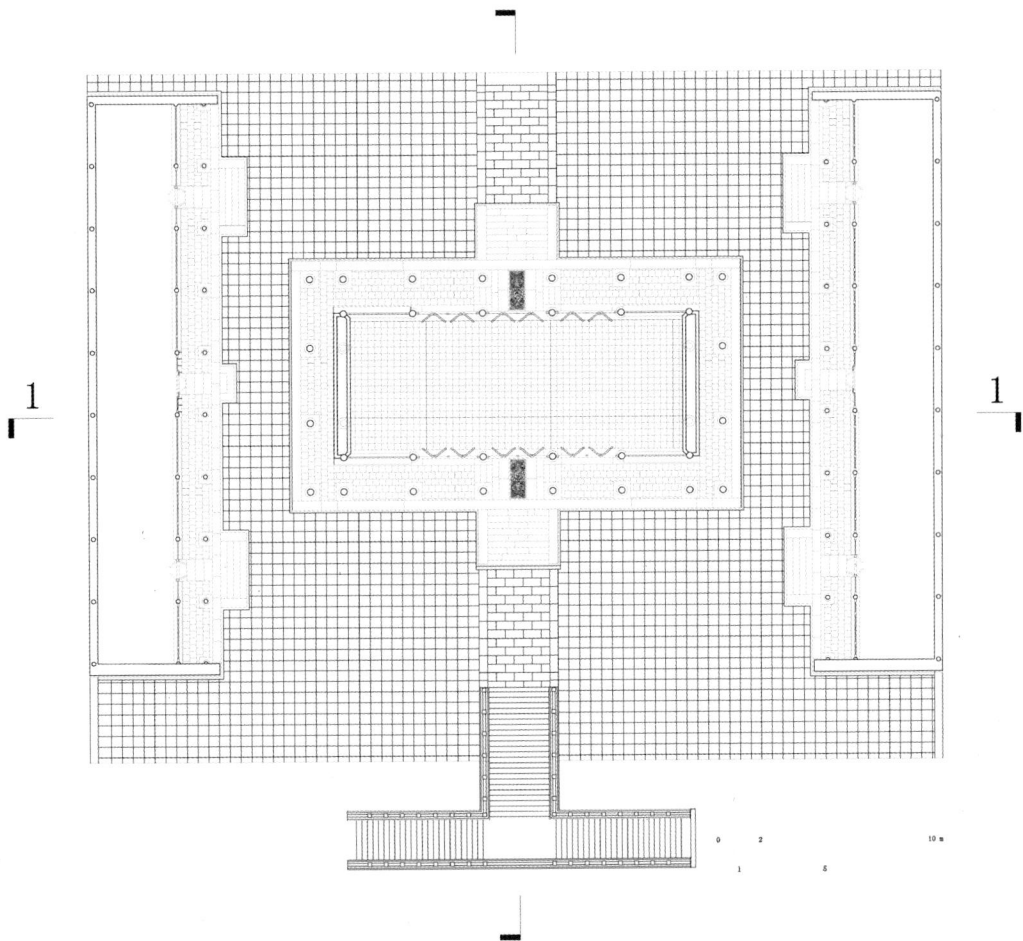

天王殿总平面图

佑国寺大雄宝殿平面图

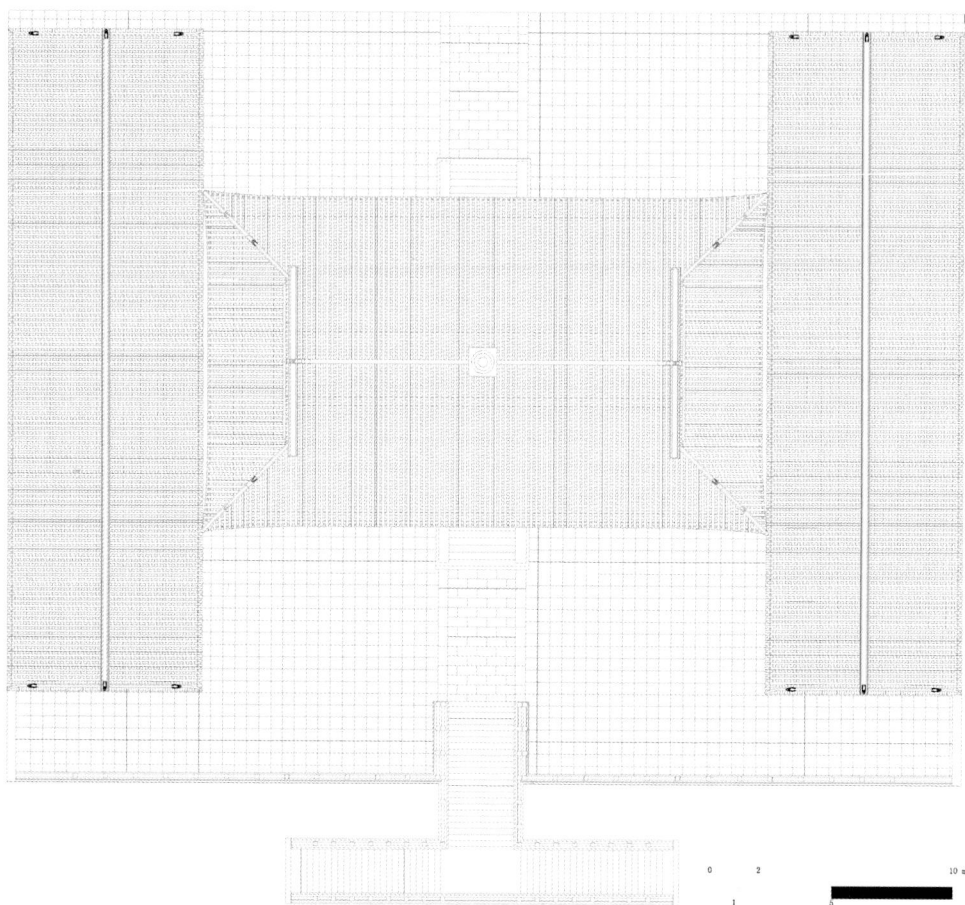

天王殿屋顶平面图

佑国寺天王殿屋顶平面图

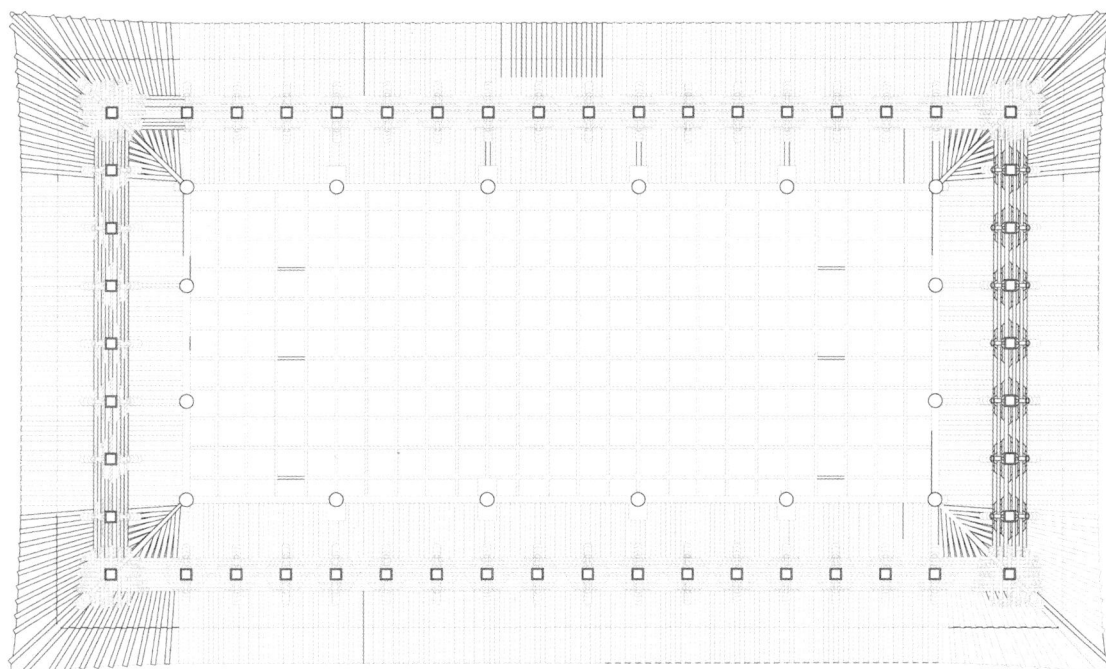

天王殿仰视图　　1：50

佑国寺天王殿仰视图

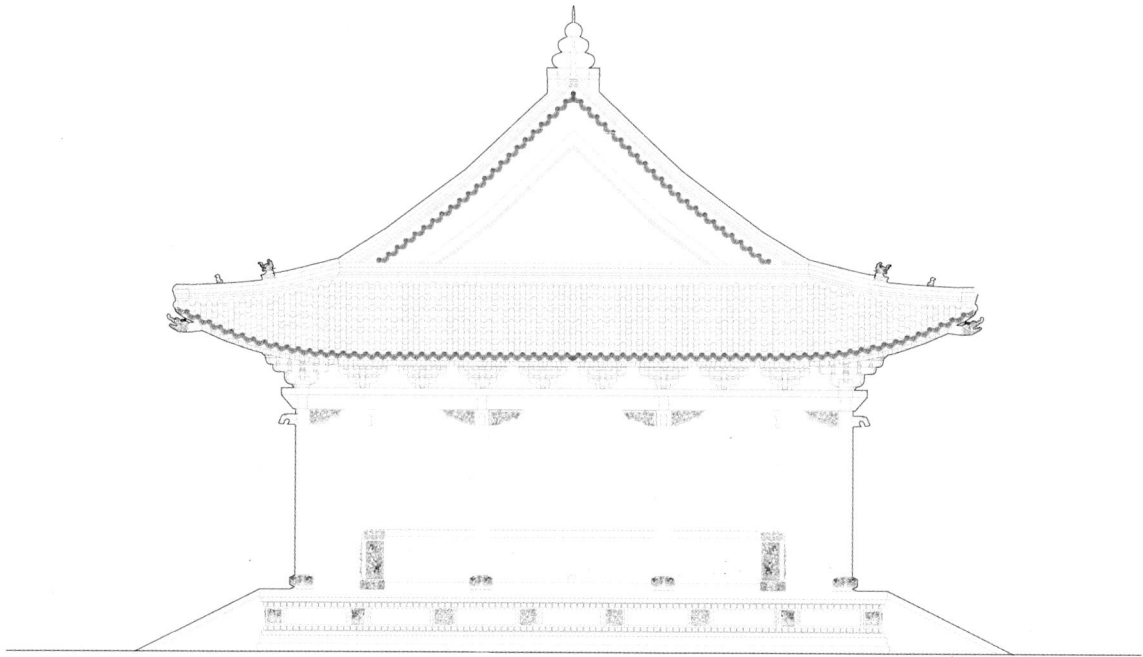

天王殿侧立面图　1：50

佑国寺天王殿侧立面图

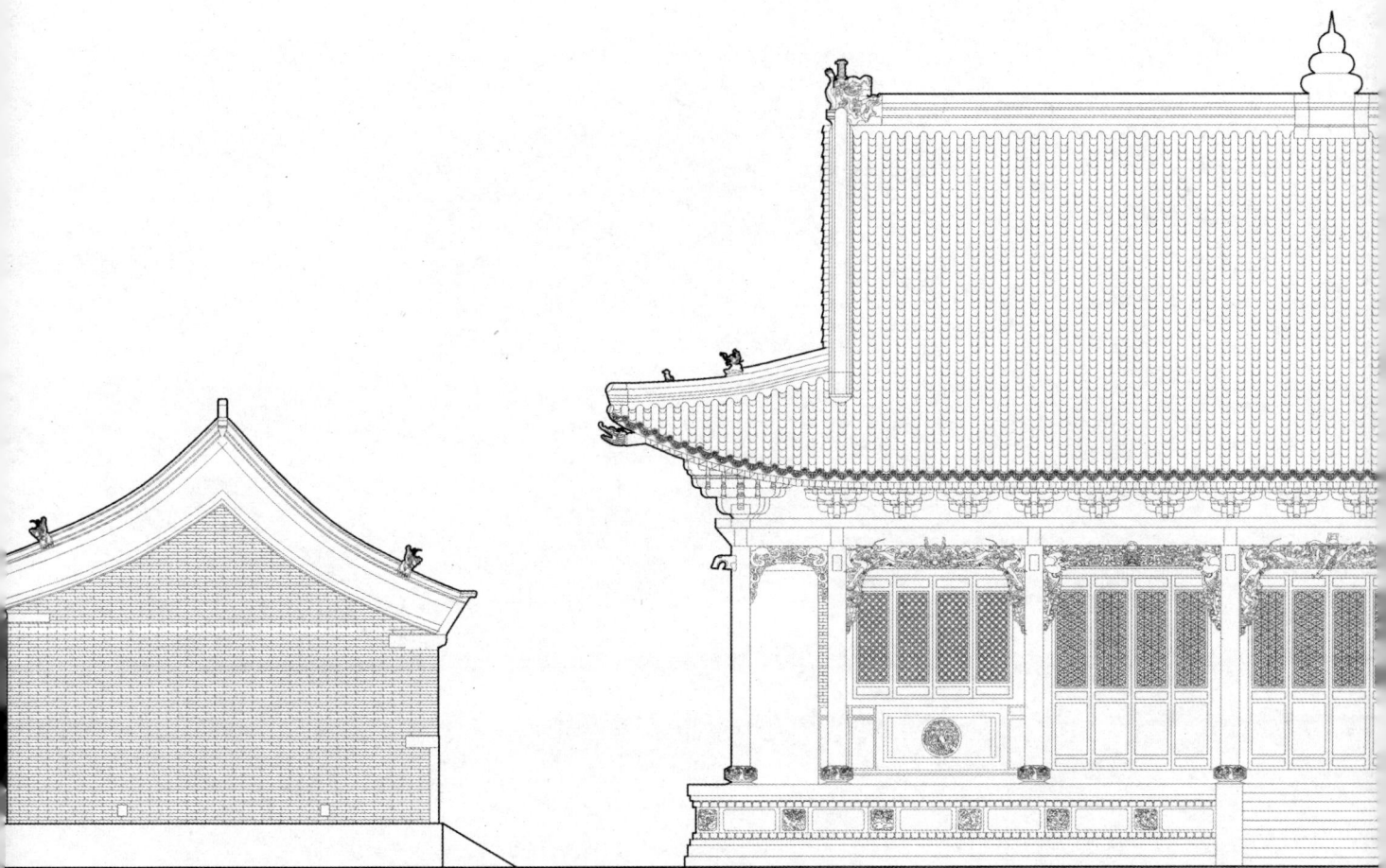

天王殿正立面图

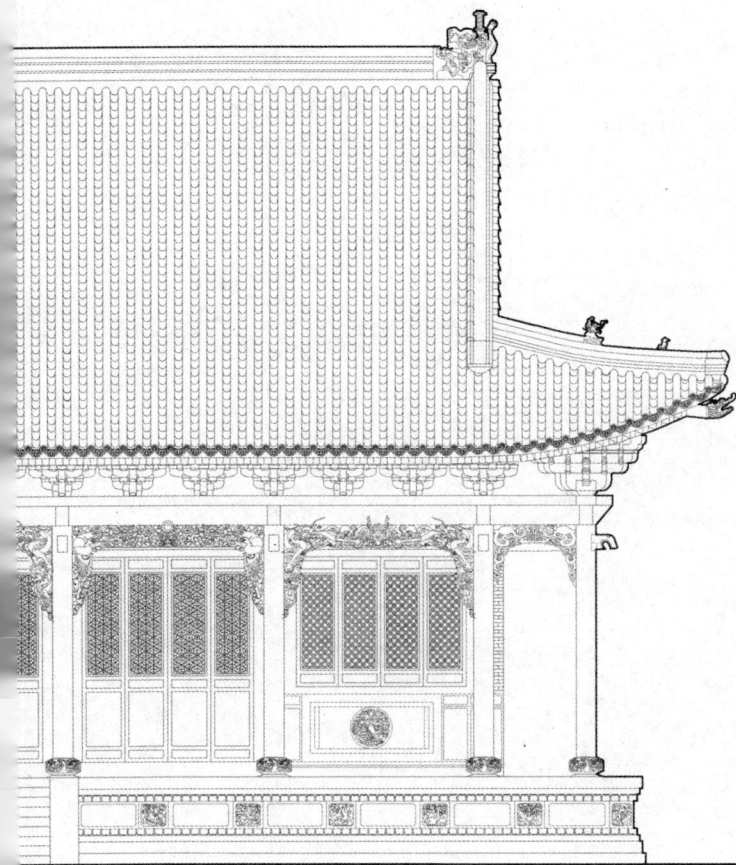
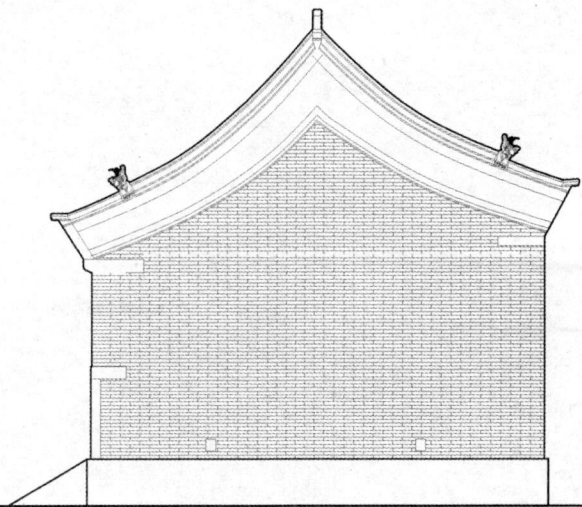

: 50

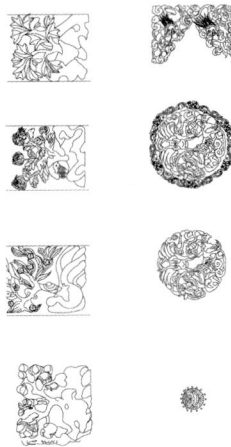

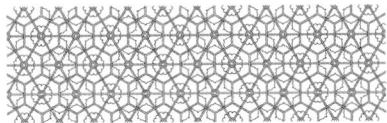

天王殿细部纹样图

佑国寺天王殿内饰细部纹样图

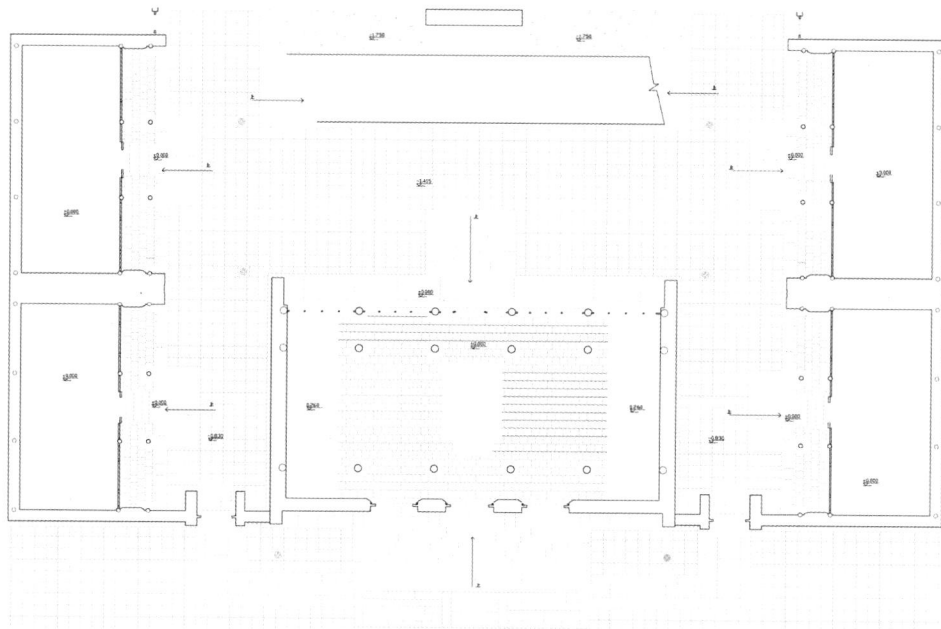

佑国寺天王殿总平面图

觉梵

大雄宝殿厢房正

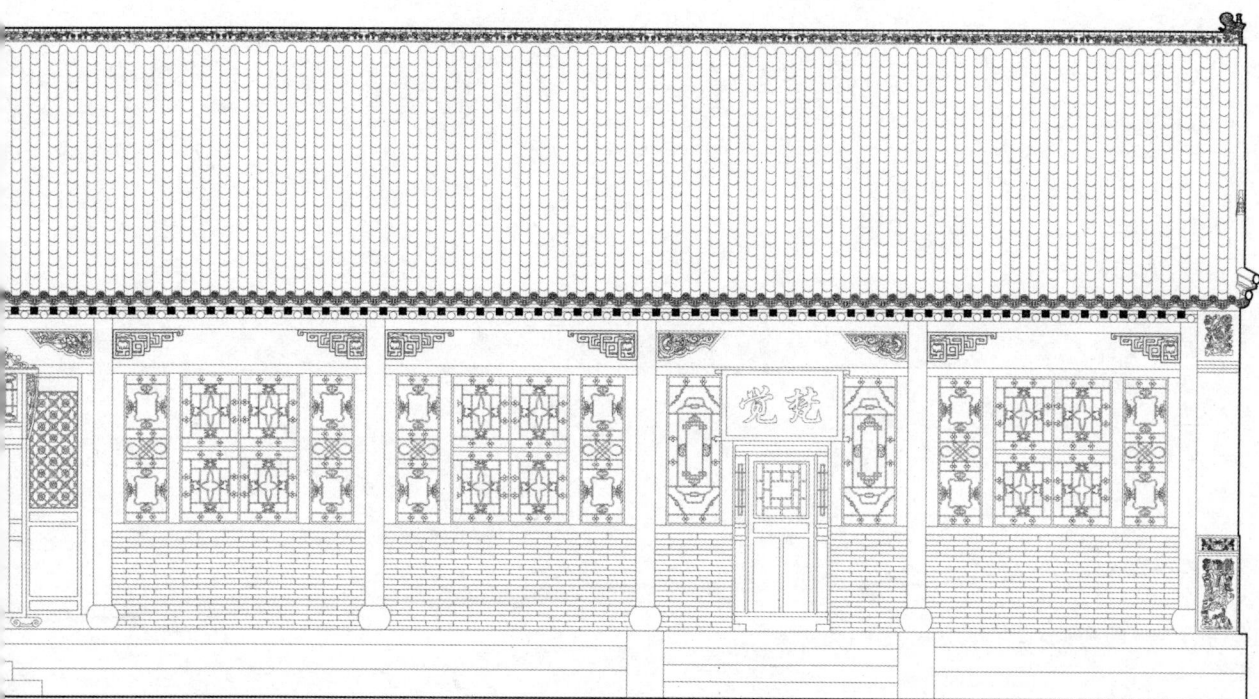

1 : 50

中央美术学院建筑学院环艺系测绘成果附录

山西五台山佑国寺测绘

佑国寺大雄宝殿剖面图（跨页）

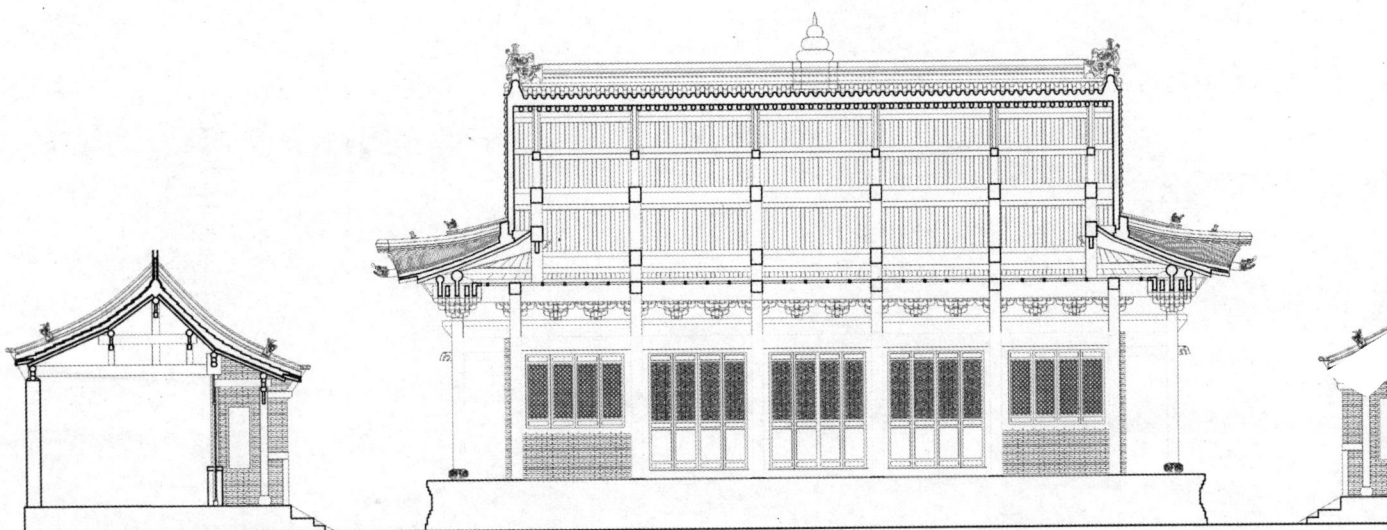

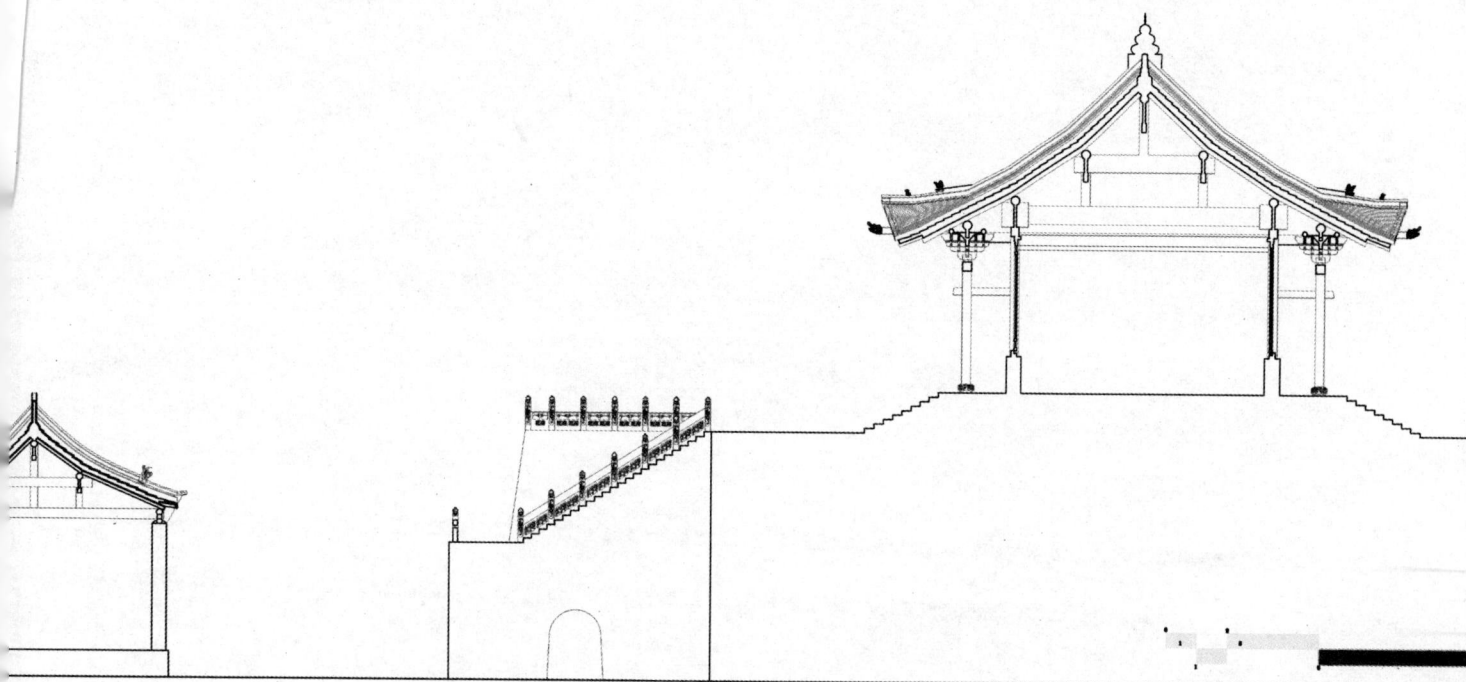

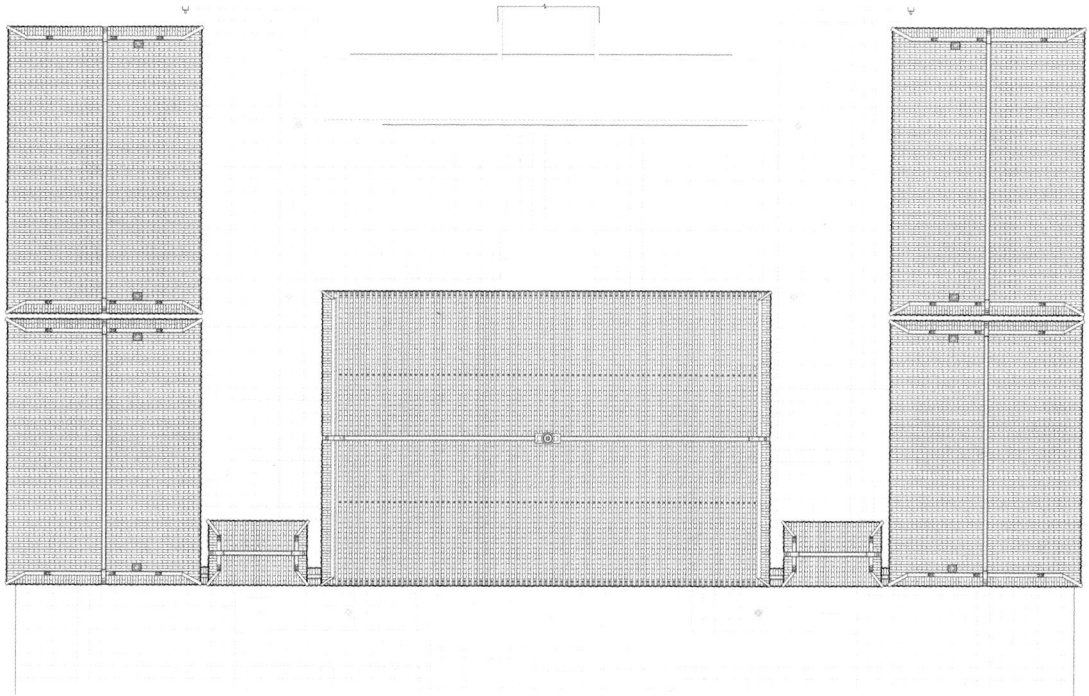

佑国寺天王殿屋顶平面图

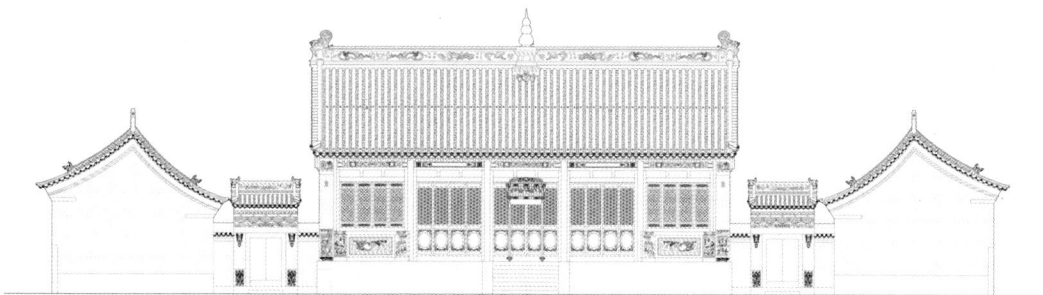

佑国寺天王殿东立面图

中央美术学院建筑学院环艺系测绘成果附录
山西五台山佑国寺测绘

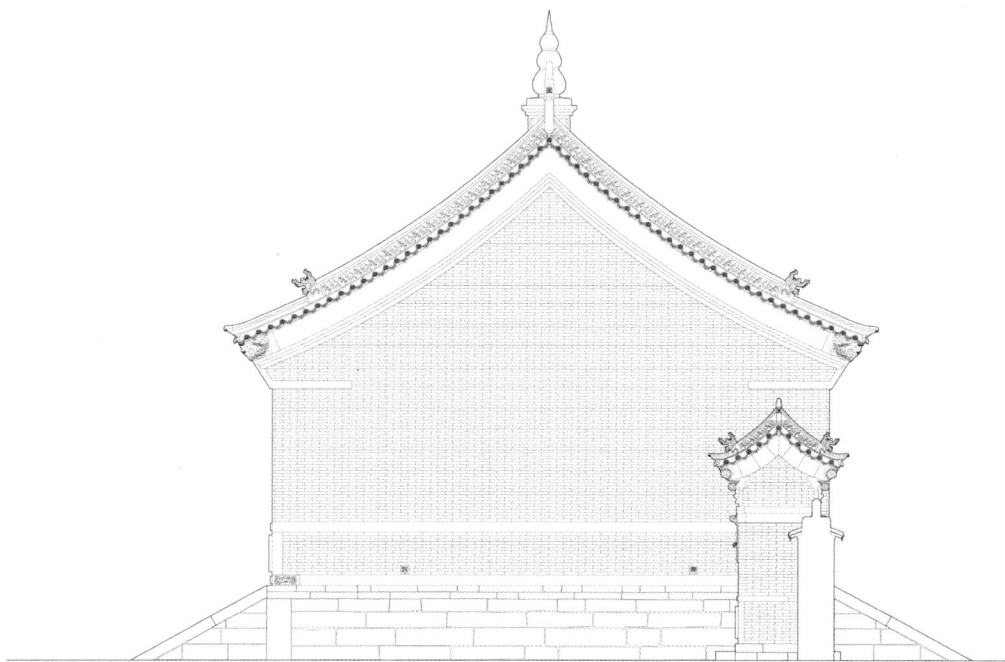

佑国寺天王殿北立面图

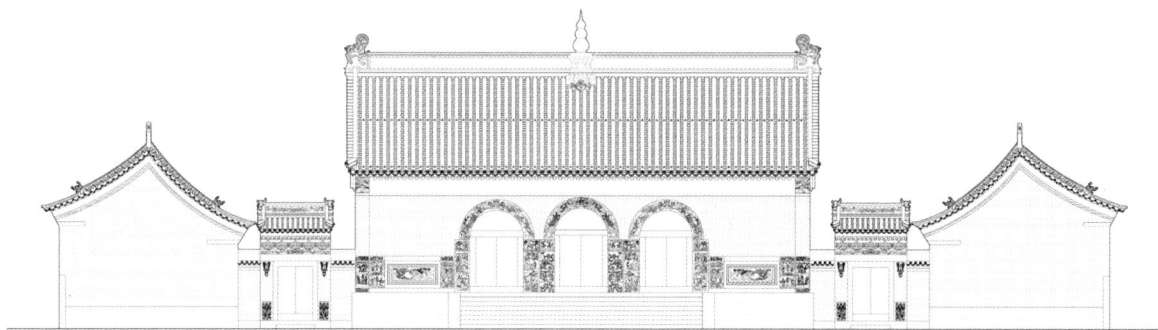

佑国寺天王殿西立面图

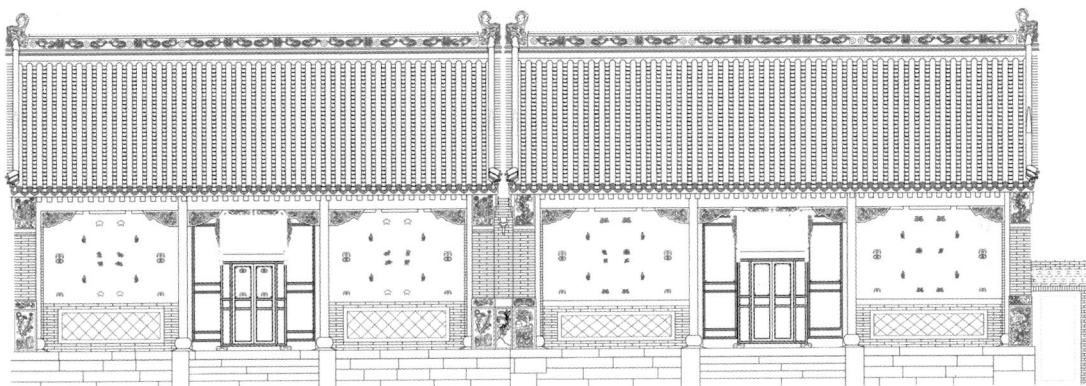

佑国寺天王殿僧舍立面图

佑国寺天王殿僧舍剖面图

中央美术学院建筑学院环艺系测绘成果附录

山西五台山佑国寺测绘

佑国寺天王殿阶梯立面图

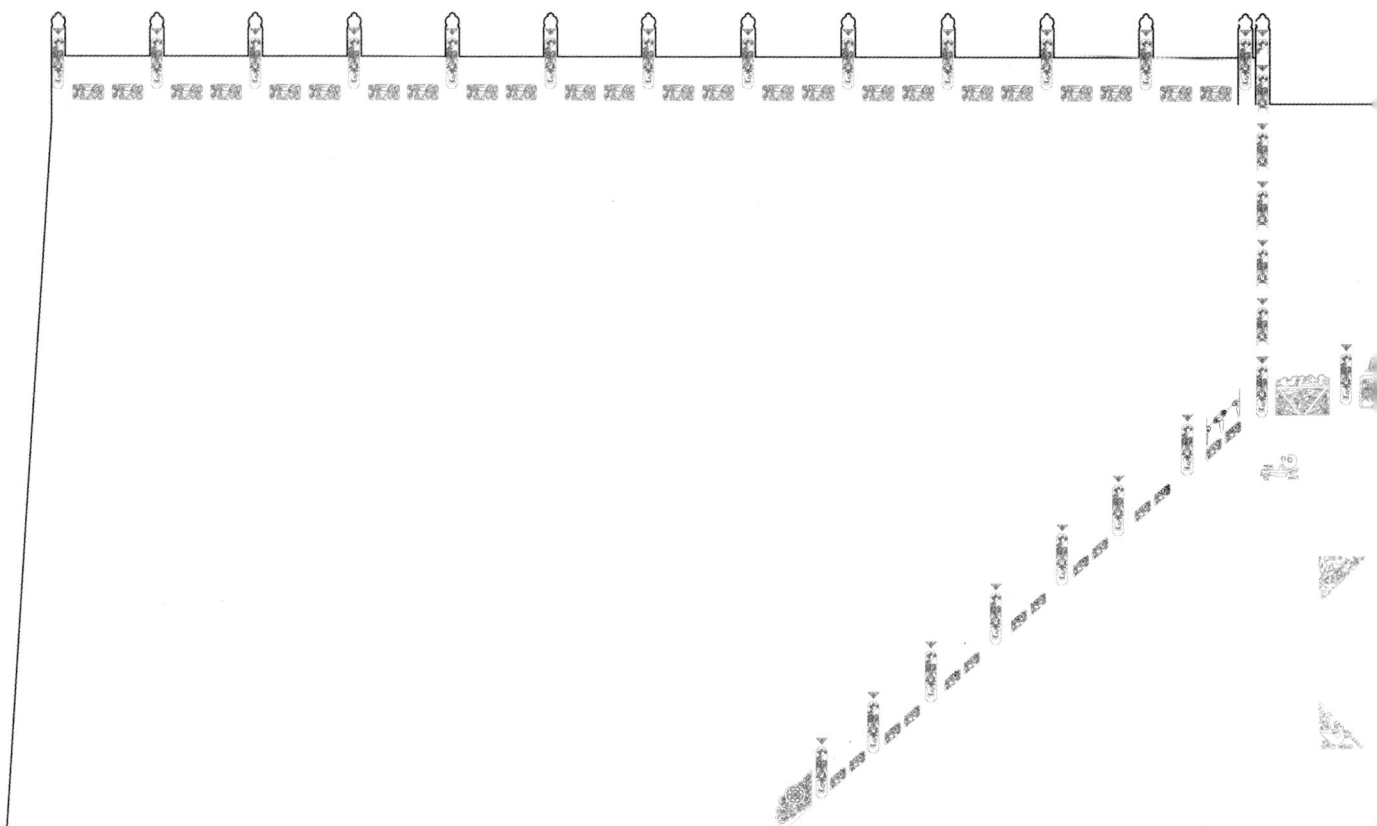

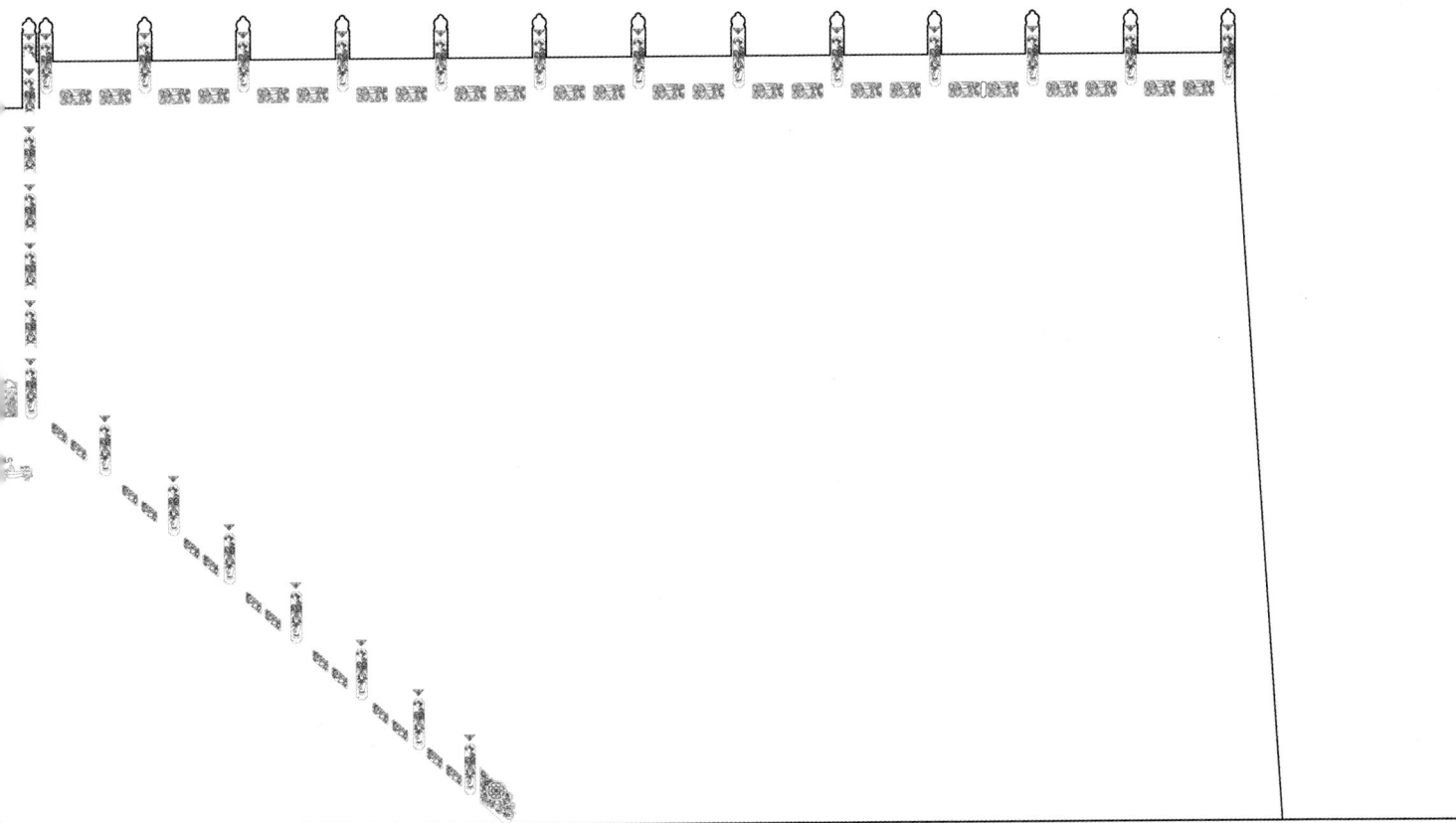

中央美术学院建筑学院环艺系测绘成果附录

山西五台山佑国寺测绘

佑国寺天王殿门窗细部纹样

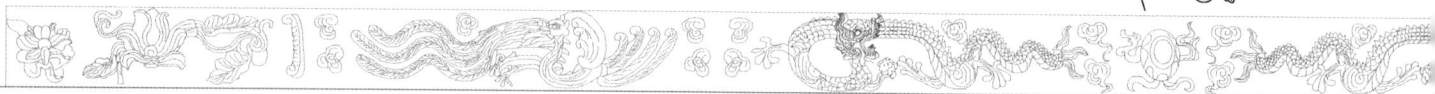

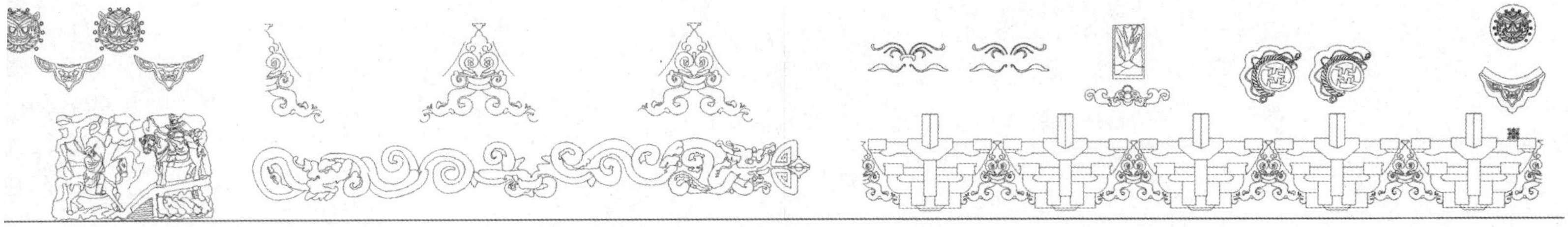

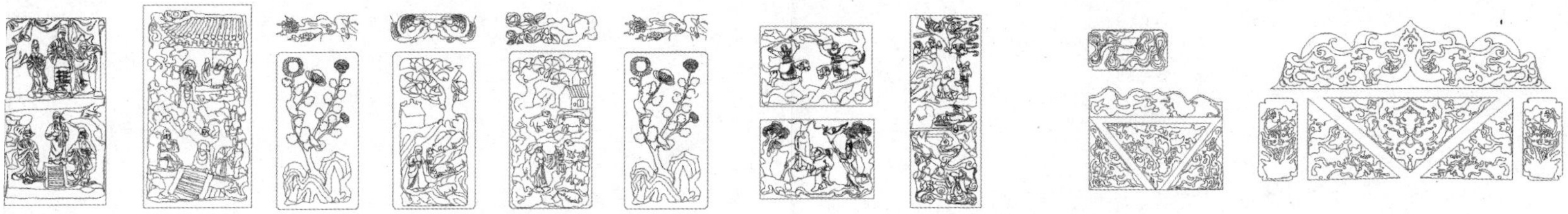

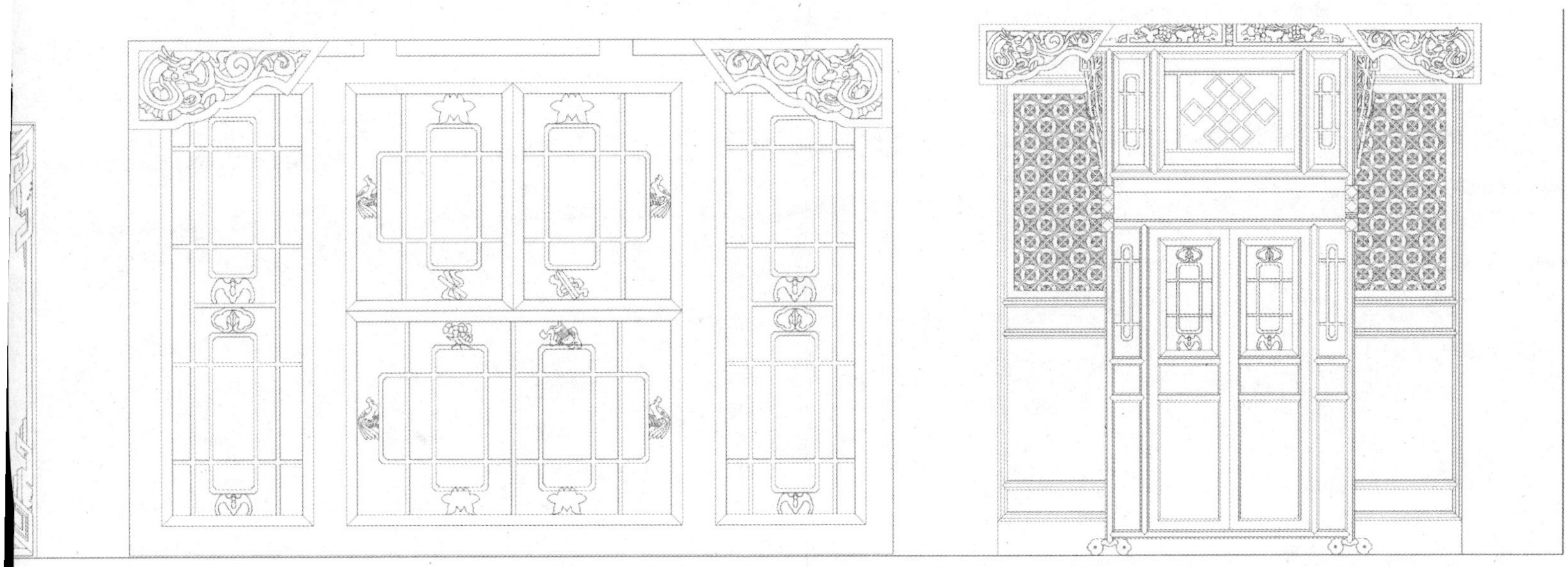

中央美术学院建筑学院环艺系测绘成果附录

山西五台山南山寺测绘

南山寺鸟瞰图（跨页）

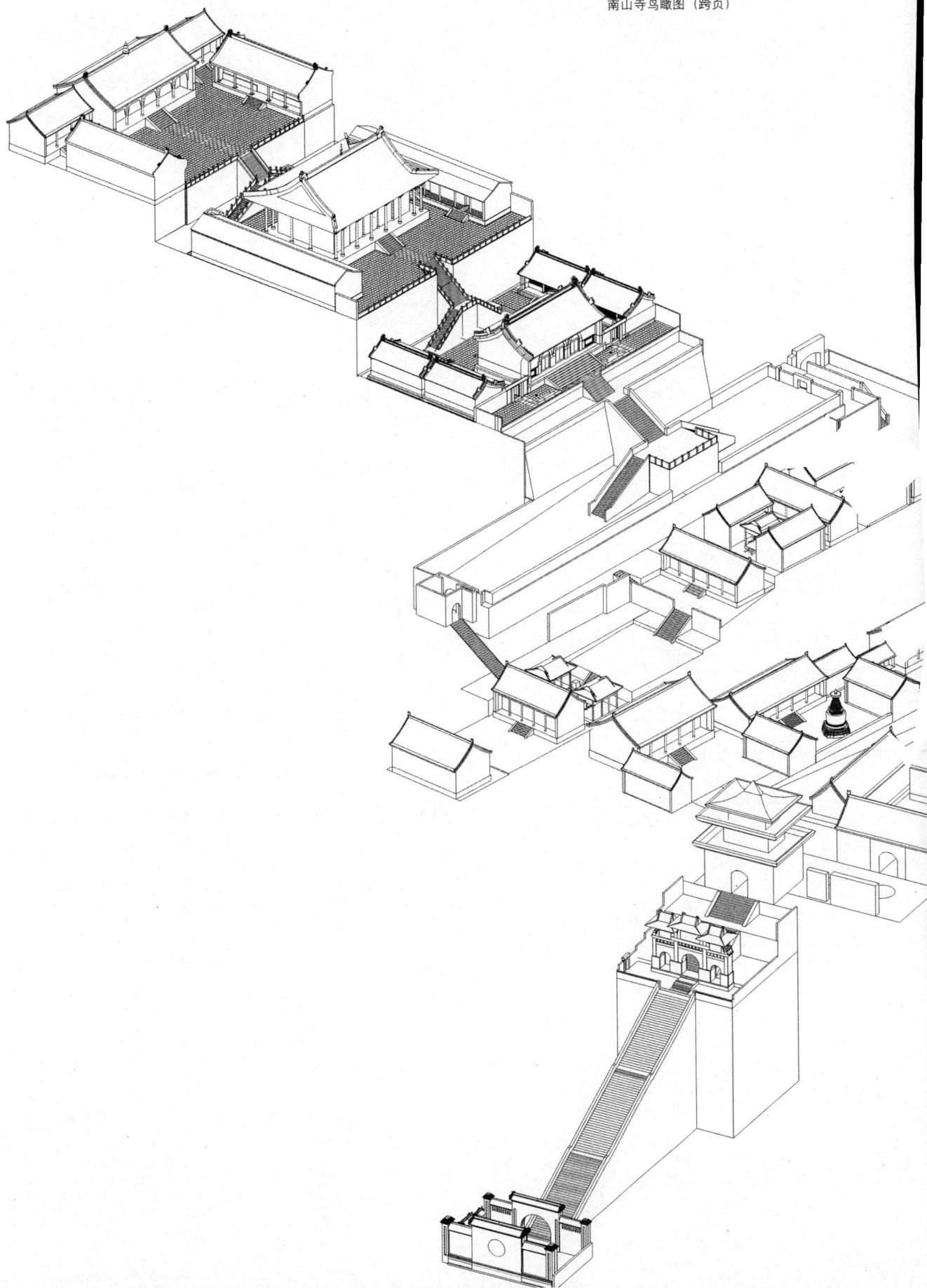

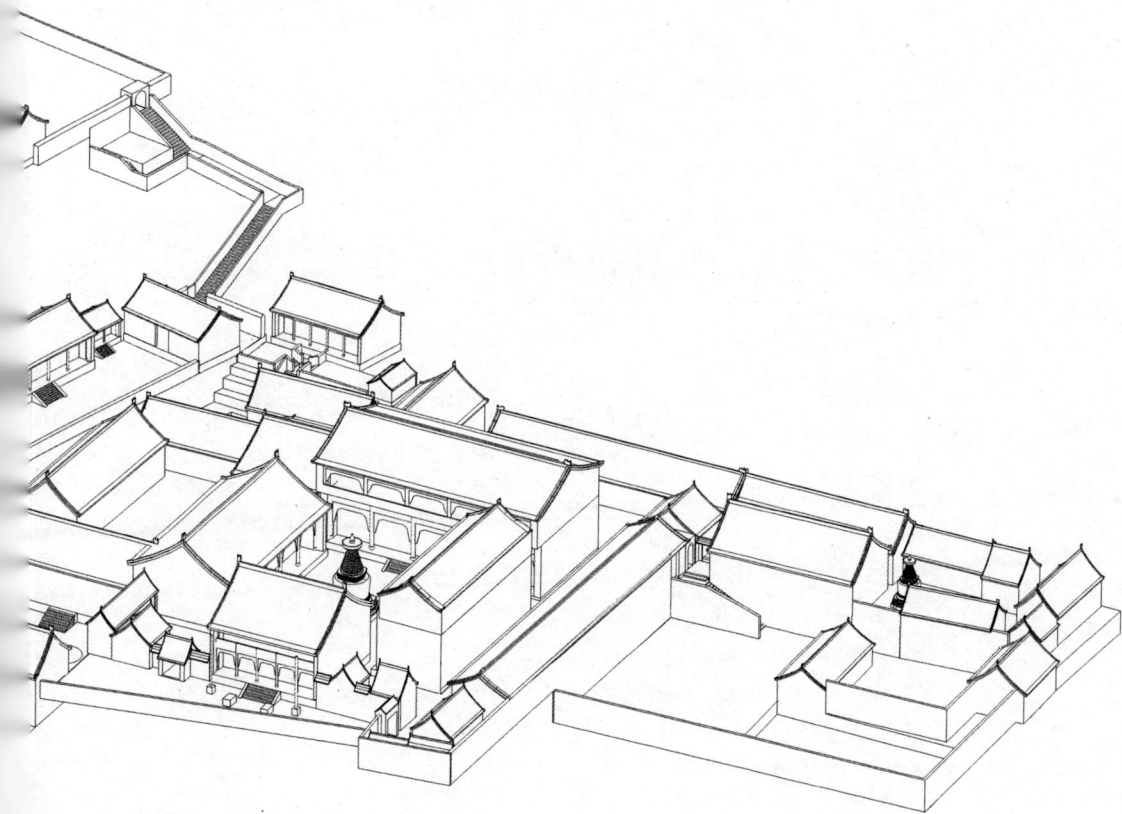

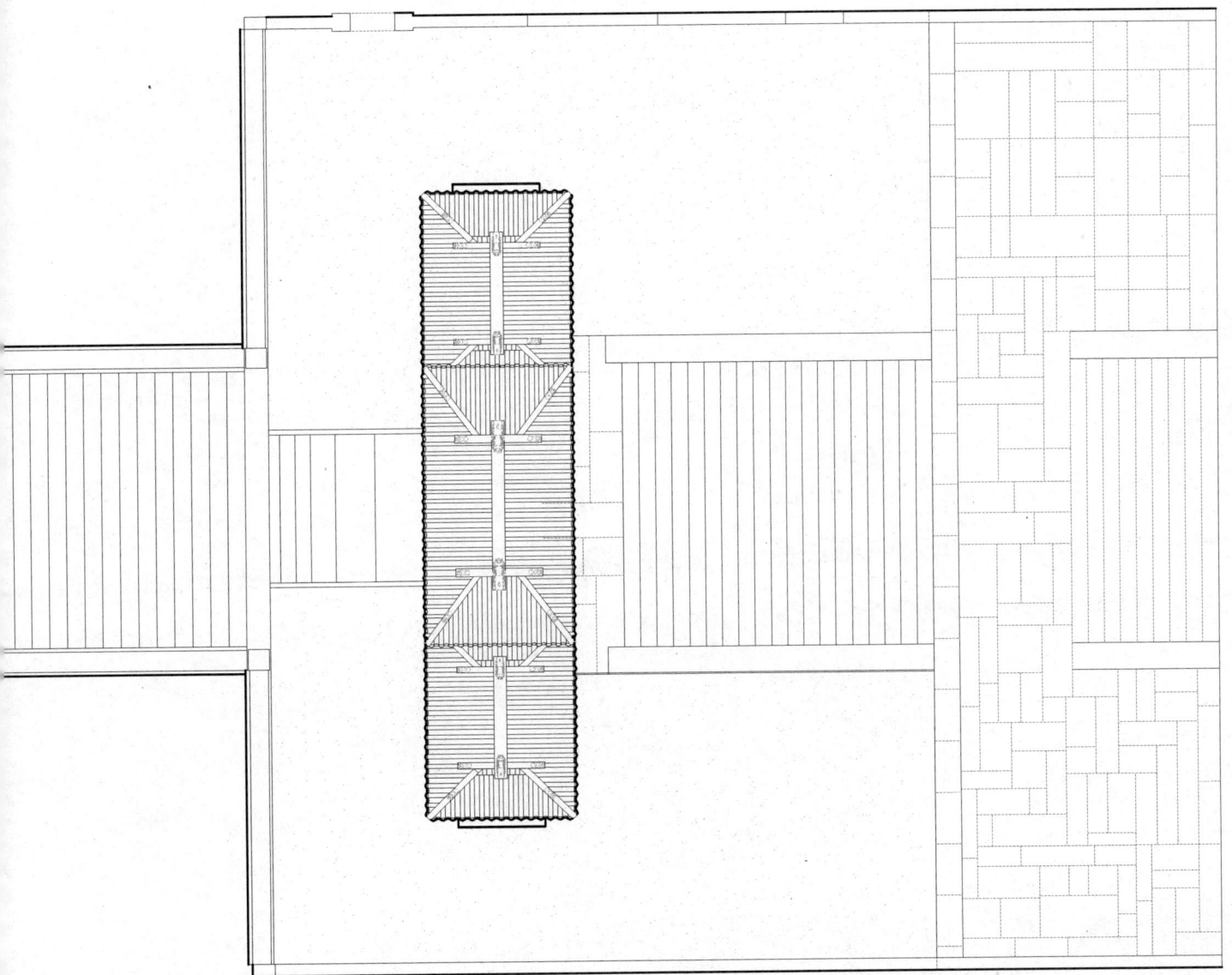

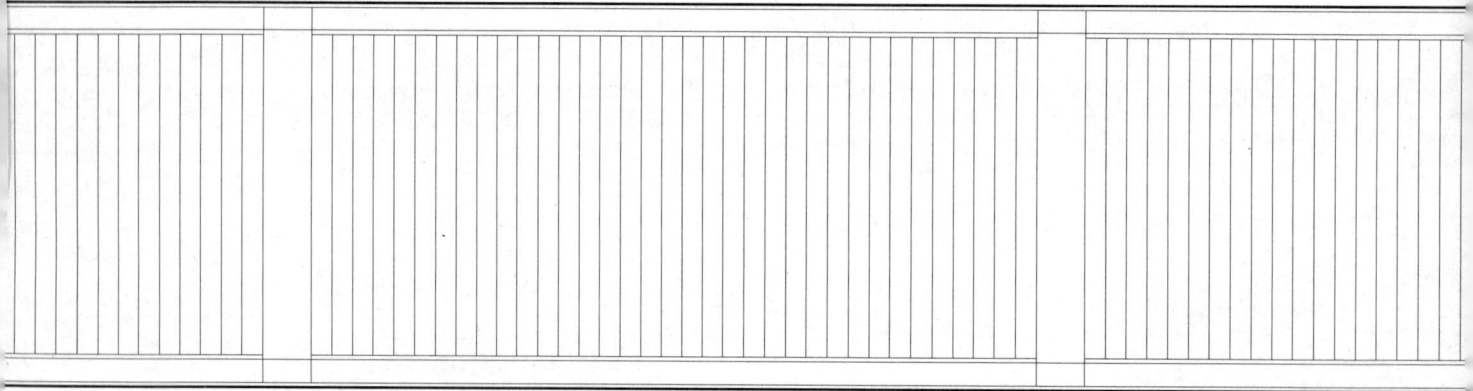

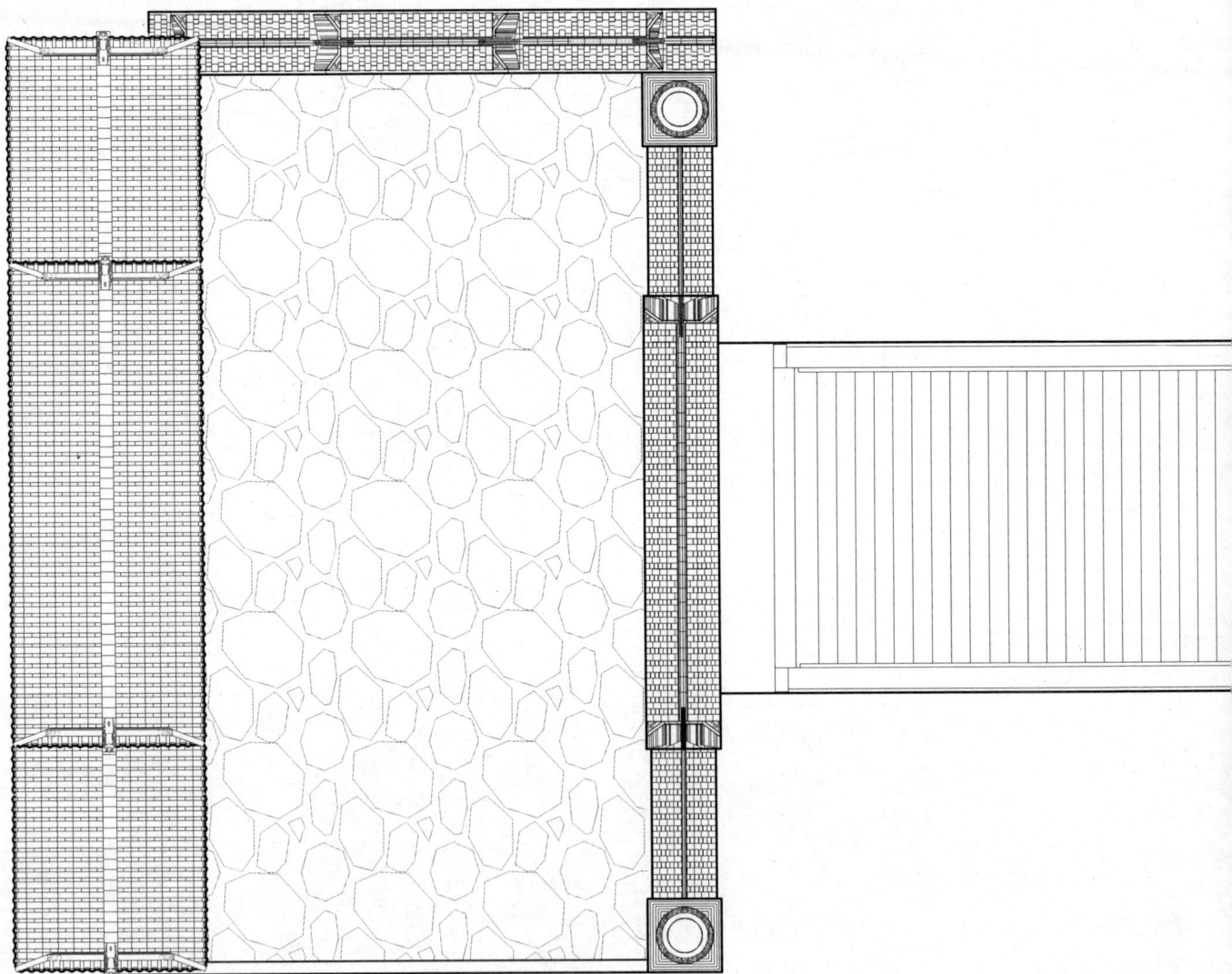

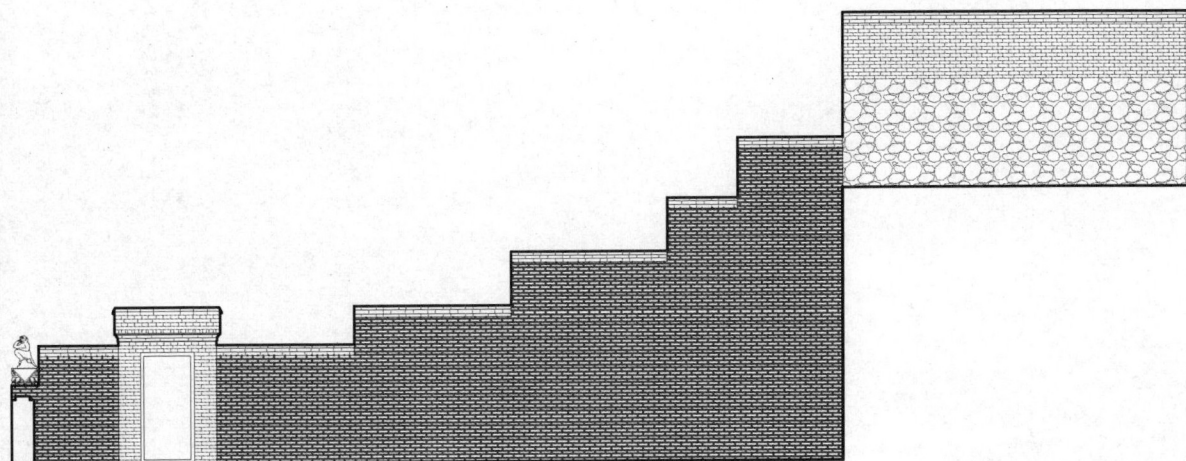

南山寺前山门西立面　2

南山寺入口牌坊南立面

南山寺入口牌坊南立面

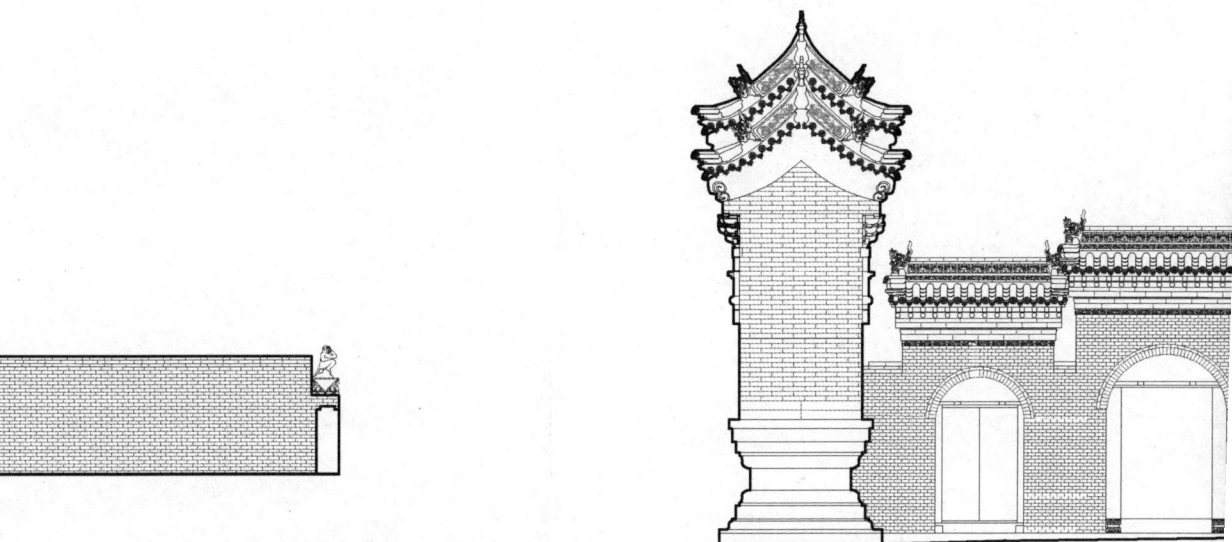

南山寺前山门东立面　2

南山寺入口影壁北立面

口影壁北立面

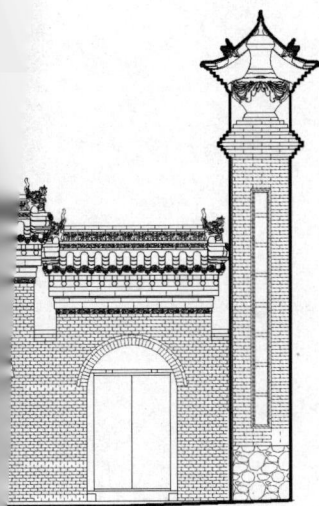

南山寺前山门西立面

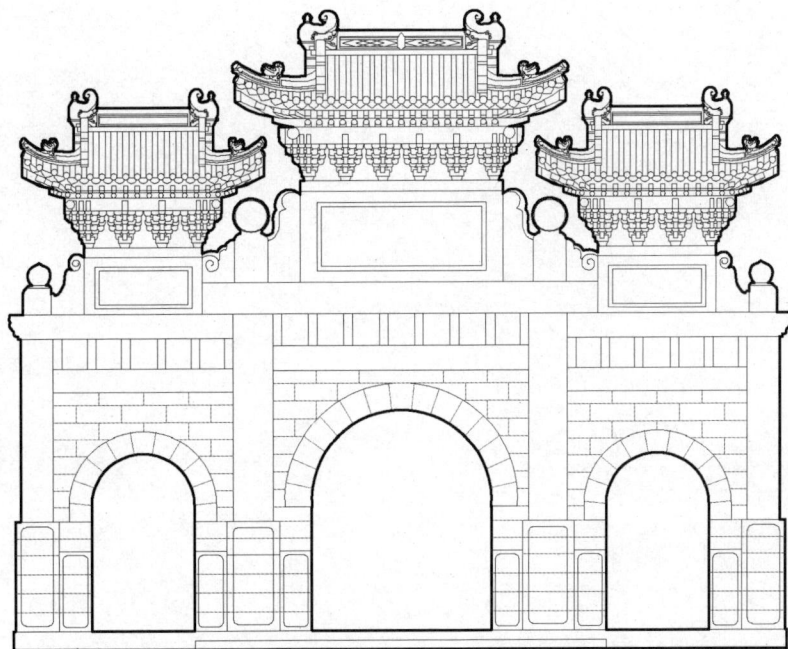

南山寺前山门北立面

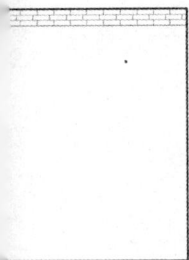

山门立面

南山寺后门立面

南山寺楼梯剖面

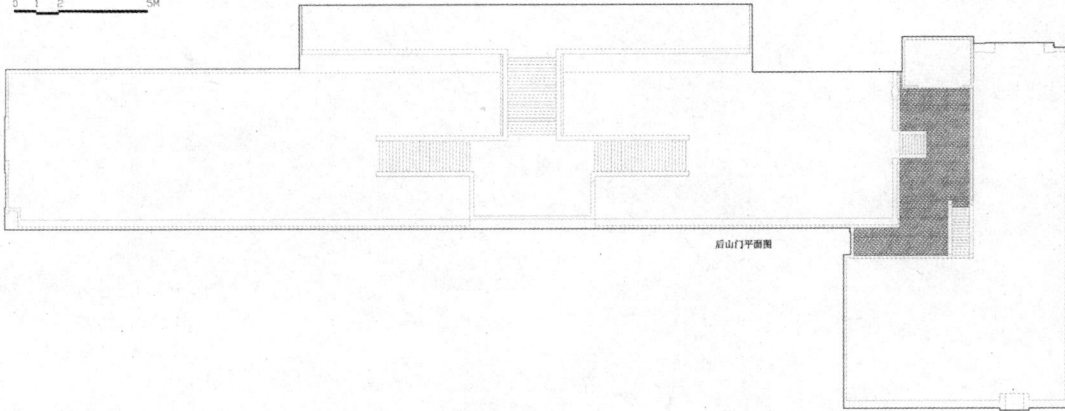

后山门平面图

南山寺后山门平面图

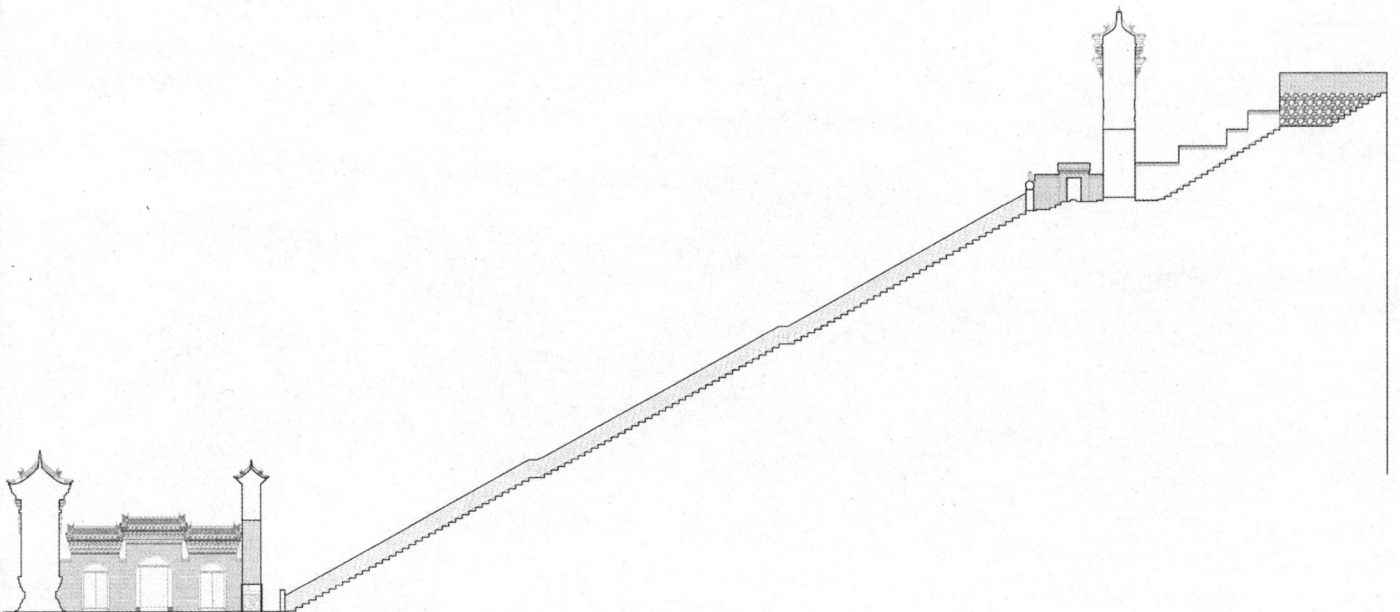

南山寺山门剖面

南

南山寺后山门楼梯剖面图（跨页）

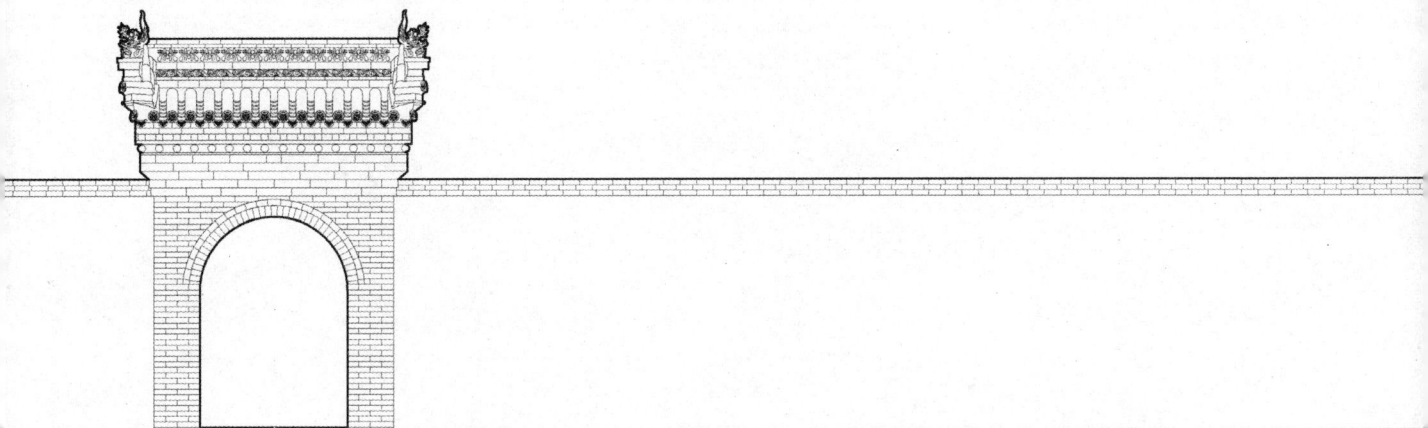

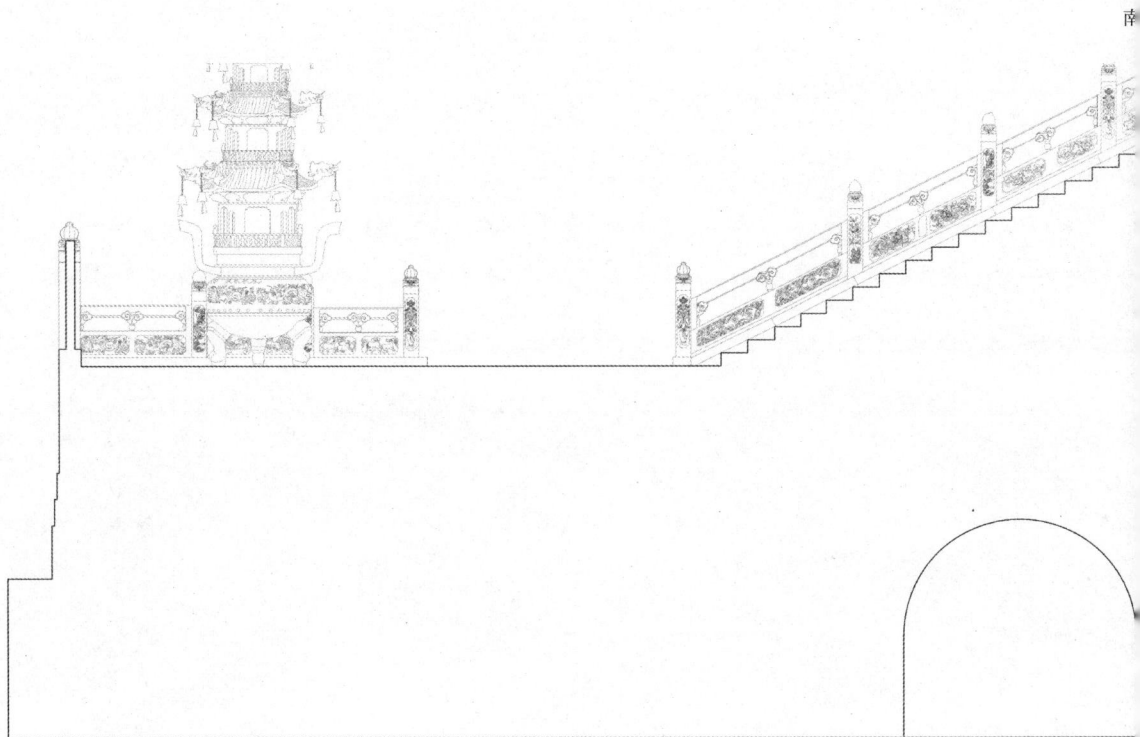

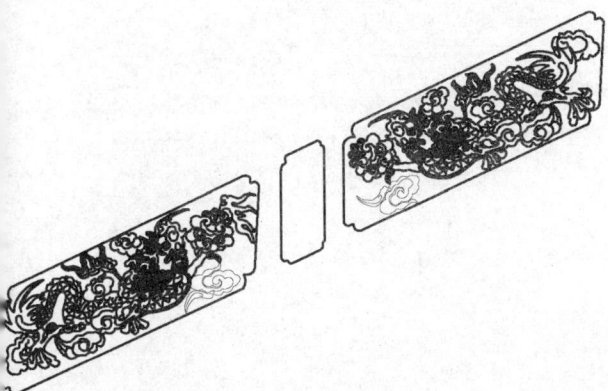

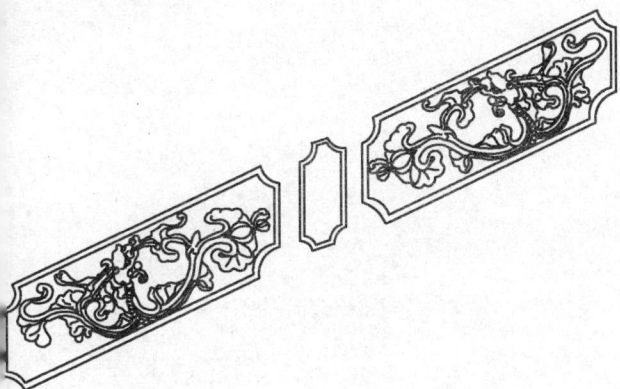
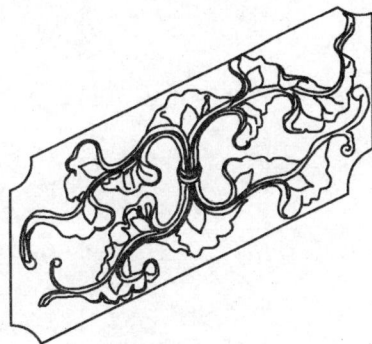

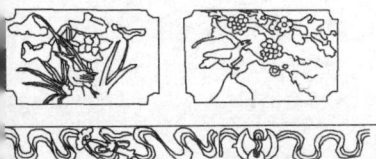

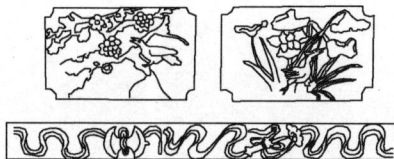

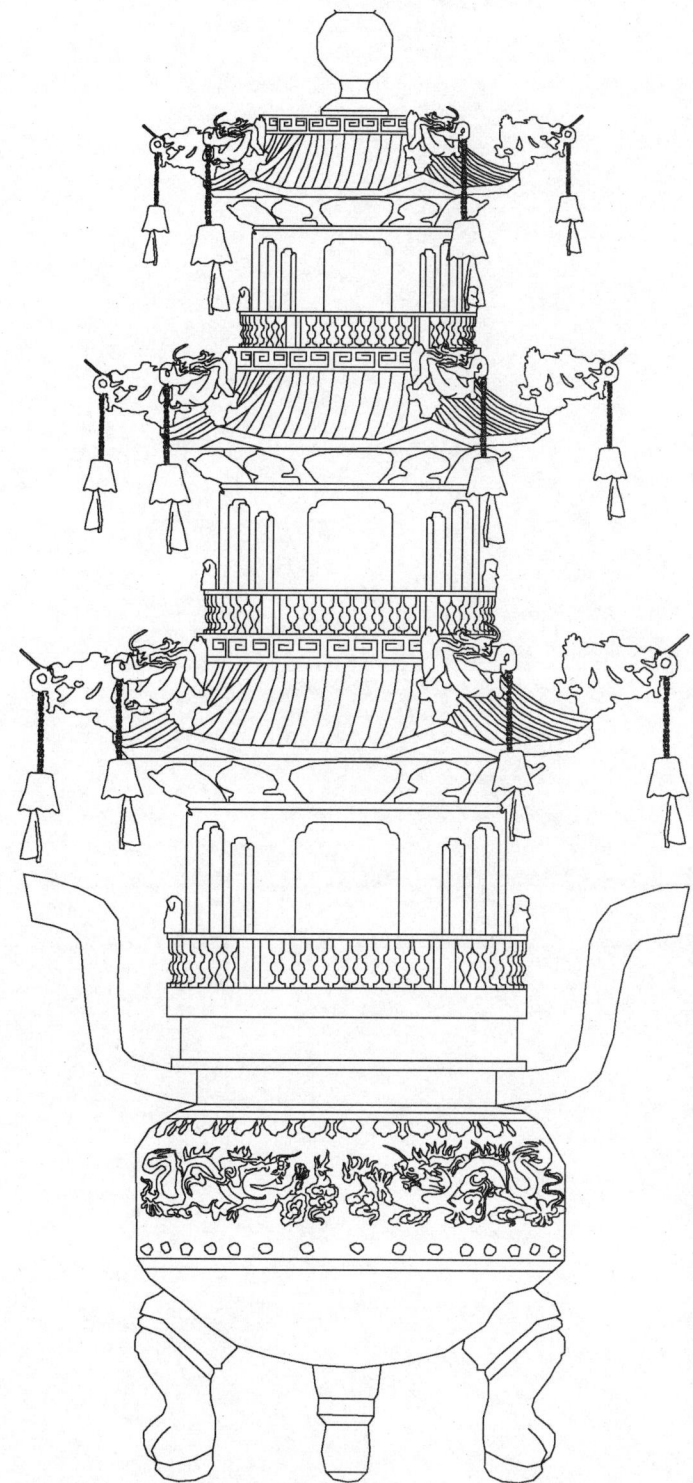

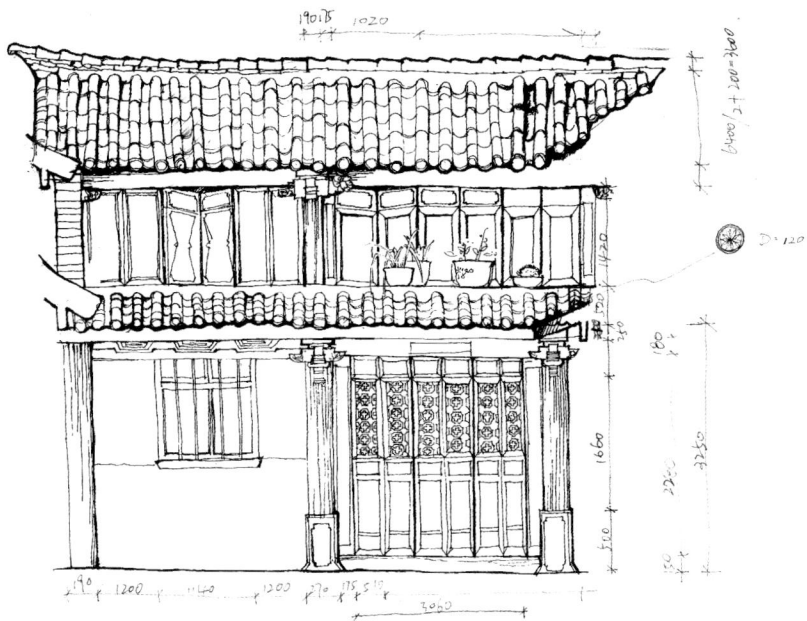

北立面图　陈铺客栈引园山B防建北采食光B图
4.13 14:14

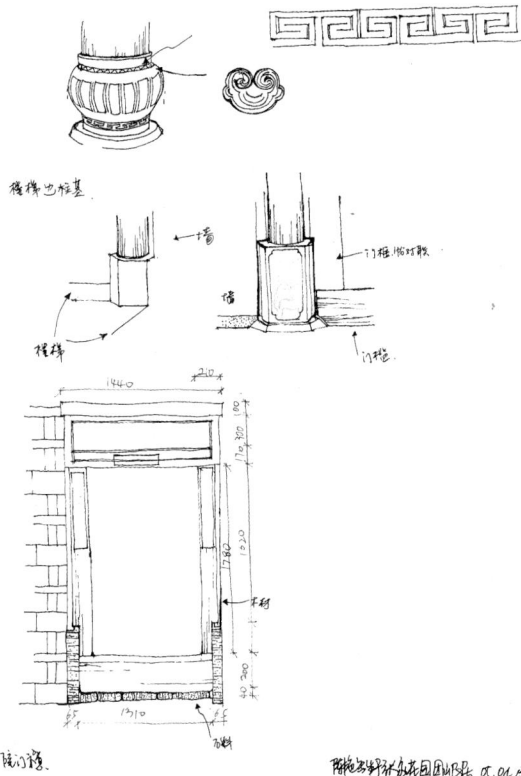

陈门楼.

陈铺名弹林客花园围围山B防 05.01.13.

中央美术学院建筑学院环艺系测绘成果附录
云南大理张家花园测绘
张家花园－团山民居测绘稿

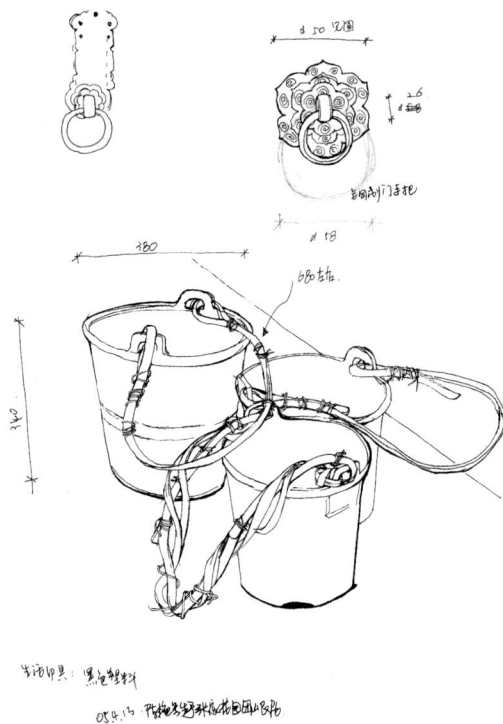

2005.4.25
松赞林寺.

松赞林寺立面图

中央美术学院建筑学院环艺系测绘成果附录
云南大理张家花园测绘

松赞林寺南、北剖面图

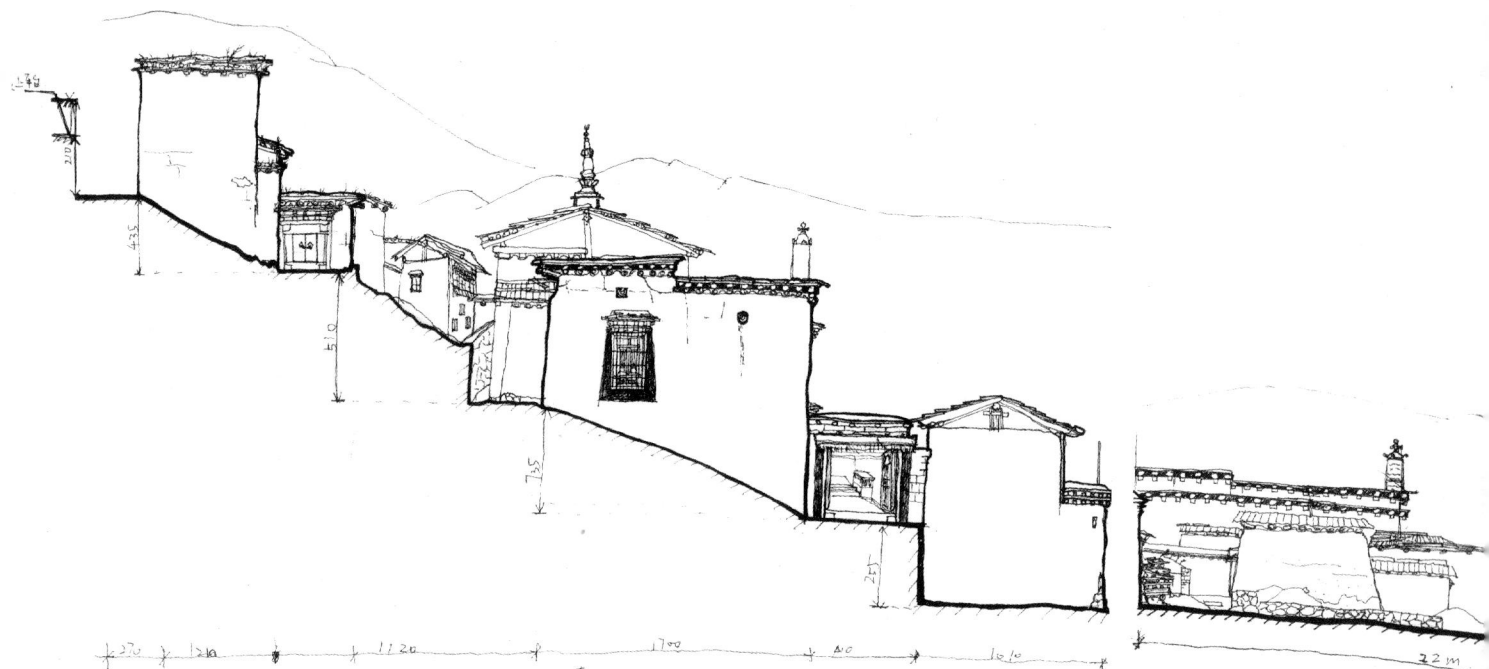

松赞林寺